小学生优秀课外读物

如何塑造出完美的自己

做优秀的自己

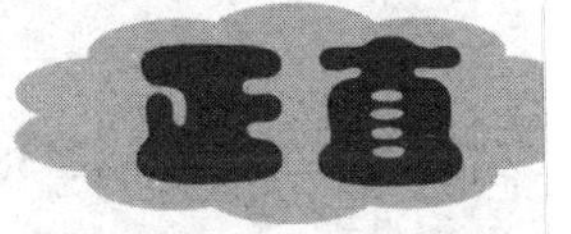

姜忠喆　竭宝峰◎主编

辽海出版社

责编:刘波

图书在版编目(CIP)数据

做优秀的自己/姜忠喆,竭宝峰编. --沈阳:辽海出版社,2015.11

ISBN 978-7-5451-3586-2

Ⅰ.①做… Ⅱ.①姜… ②竭… Ⅲ.①成功心理-青少年读物 Ⅳ.①B848.4-49

中国版本图书馆CIP数据核字(2015)第282438号

做优秀的自己

姜忠喆,竭宝峰/主编

出版:辽海出版社

地址:沈阳市和平区十一纬路25号

印刷:北京华创印务有限公司

字数:480千字

开本:880mm×1230mm 1/32

印张:40

版次:2016年4月第1版

印次:2016年4月第1次印刷

书号:ISBN 978-7-5451-3586-2

定价:168.00元(全8册)

如发现印装质量问题,影响阅读,请与印刷厂联系调换。

前　言

浓缩传统智慧精华的成长故事,可以使我们获得来自心灵的启示,让我们拥有人生的大智慧,甚至可能改变一个人的命运。一则好的故事可以教育我们知晓生存的意义;一则好的故事可以让我们以新的方式去体会大千世界、芸芸众生;一则好的故事可以改善与他人的关系,怡人性情。在面临挑战、遭受挫折时,读读这些故事,相信你能从中汲取力量;在烦恼、痛苦和失落时,读读这些故事,相信你能从中获取慰藉;读读这些故事,相信你能鼓起梦想的风帆。

为此,我们辑录成书——《做优秀的自己》,全书共八册,多以古代传统故事组合形式各自独立成篇,选取最有代表性的加以编排整理,在每一则故事的后面,我们都配有简短的点评,希望能给本书的读者一点点帮助。但我们深深知道,故事所包含的智慧远远不止这一点点,不同的人可能有不同的见解,仁者见仁,智者见智。我们只希望小小的点评可以起到抛砖引玉的作用,通过读者自己的思考融会贯通,以求得对自己全面的、系统的了解。切忌断章取义,只抓住一句话就作判断、下结论。我们相信读者能从故事中感知到更多的人生成长启示。

关于本书的辑录

1 感恩——我怀感恩的心

人,要常怀有一颗感恩的心,去看待我们正在经历的生命,悉心呵护。我们应该感恩出现在生命中的人、事、物,是他们让生命更有意义,显示出生命别样精彩。

2 宽仁——我学宽厚仁爱

人,活在世上就要学会宽仁,学会原谅别人,这是一种文明、一种胸怀,对人宽仁心胸宽广,帮助别人快乐自己。别人若是不小心犯了错误,而不是明知故犯,就要原谅;对朋友要热情,遇到需要帮助的人一定给予帮助,凡事往好的方面设想,多看到别人的优点,不贬低别人。

3 正直——我要正直诚信

正直是我们的一种优秀品德。正,就是说话做事正确,坚持正义去主持公道。这样的人就会得到别人的爱戴,这样的人就有了一身正气、一身正能量。

4 责任——我来管好自己

责任就是能担当,就是接受并负起职责。对于我们就是首先要管好自己、对自己负责,这样才能走向成功,相反的就会误人又害自己。这就需要我们有十足的信心和勇气好好用知识来提高自身的素质。

5 尊重——我会尊重别人

尊重是人与人之间和美相处的前提，尊重别人才能赢得别人对自己的尊重，尊重别人就是尊重自己。你对别人的尊重会在那个人心中留下美好的印像；那么，别人也会好好对待你。

6 勤奋——我也可以最棒

生命中能有所成就，靠的就是勤奋。一分耕耘一分收获，只有辛勤的付出才有喜悦的收获，不要以为自己比别人聪明就不需要勤奋学习，那样做只会使自己退步。只有坚持不懈的努力学习，我们才能成功。

7 自信——我能面对艰难

自信就是一种思想、一种感觉，就是对自己的肯定。拥有了自信就拥有了力量，我们可以时时暗示自己：我能行；我是最棒的；我不退缩不恐惧就一定能成功；我会更加优秀的。学会欣赏自己、表扬自己，找到自己的优点、长处来激励自己。

8 乐观——我想快乐无忧

人，在任何情况下都应该保持乐观的心态。乐观对待事物，我们的生活才可以无忧无虑，才能轻松愉悦。面对生活中的种种难处都要乐观面对，以平淡和乐的想法去处理，这样你的一切就会充满阳光。

目录

第一章

做人的基本准则——正直诚信

我们的机遇和生存环境也各不相同，但是在言行举止、为人处世之中，却处处能够反映出一个人的道德品质和修养。在众多的道德操守中，正直诚信堪称是做人的基本准则。

正直无私诚实守信是一个人应有的美德，也是一个人的立身之本，是社会得以维系的基础。就人的自身而言，诚实待人，正直处世，可以使人心胸坦荡，正义凛然，少费了许多心机，可以用更多的时间和精力去干一些正当的有意义的事，有利于树立自己的信誉，有利于自己的发展，有利于社会的进步。虚伪奸诈的小人，常常用尽心机，劳神费力地去算计别人，到头来总是会暴露无遗，信誉全失，遭到世人的唾弃，况且时时受到良心的谴责，承受着心理压力，对自己的健康不利，对教育后代无益，害人害己，得不偿失。

精诚所至，金石为开。古人云：诚实待物，物必应以诚。同样，赤诚待人也必然会赢得他人的真诚相待，以致志同道合，肝胆相照，引为至交，可以有许多知心的朋友，多数人愿意与其交往。如果一开始你就让别人觉到你很狡猾，他人就会自然而然设立一道防护的屏障，来抵御潜在的威胁。小人之间也会有一些所谓的朋友，彼此之间臭味相投，但是会互相防范，关键时刻可能互相抛弃，因为那是建立在某种利益之上的关系，一旦失去了互相利用的价值，也就不成其为朋友了。虽然君子之交淡如水，但是君子之交是建立在道义之上的，只要正义长存，就会友谊长在。正直诚信的人会集中精力致力于工作学习，实实在在地做人，踏踏实实地办事，对自己的工作学习积极主动、尽心尽力，成功的机会就大一些；相反的，缺乏正直诚信就不可能成大事。正直诚信也许会使你暂时失去一些东西，有时候，也许会被人嘲笑，但是付出终有回报，如果你能坚守这 品德，终究会获得成功。

一个正直诚信的人获得发展的机会可能不如弄虚作假、投机钻营的人来得快，但那些自私自利的人不会明白，在他们多得到金钱、地位和满足的同时，已经丢掉了自己做人的品格；正直诚信的人获得的成功才是一种真正的成功，即使是小的成就也总是显得那么坦荡而自然。诚信是公正的基础。走正直诚信的生活道路，必定会有一个问心无愧的归宿。

忠言逆耳，但必须付出一百二十分柔和的态度，对方才能接受。

——读书札记

包拯铁面不徇情

《水浒》上说，宋仁宗刚生下来时，昼夜啼哭不止，太白金星化作老叟抱着太子在其耳边低声说了八个字："文有文德，武有武德。"孩子便不哭了。文即"南衙开封府主龙图大学士包拯"，武即"征西夏国大元帅狄青"。此虽附会，却也见得仁宗一朝包拯的贡献。

包拯，生于999年，卒于1062年，字希仁，合肥(安徽合肥)人。

包拯在任天章阁待制、龙图阁直学士、枢密副使等官职前，曾做过许多地方的县官，每到一地，他都能"执法不阿，铁面无私"。但凡遇到与百姓性命攸关的事，他都能"为民请命"，被誉为清官。与他同时代的人司马光记录了当时的民谣："关节(贿赂)不到，有阎罗包老。"

包拯堂舅的儿子，一次犯了重罪，他也毫不手软，照样杀头，大义灭亲。

张尧佐是宋仁宗宠妃张贵妃的伯父，包拯弹劾他是"白昼之魑魅"。

有一年，陈州(河南淮阳)市场上的小麦每斗50文，而夏税小麦每斗要折钱140文，他认为这是盘剥百姓，力主按市价折算。

凡属贪官污吏，包拯都力主严办，而且原来荐举的人也应当"重坐"。这个办法对于任人惟钱的腐败现象是一记重拳。

按照过去的审判制度，凡是诉讼的人不得直接上法庭。包拯则大开正门，使诉讼的人能到法庭当面诉说是非曲直，吏卒不敢欺侮。

有一个时期，宦官及豪门曾争相筑造庭园台榭，侵占惠民河岸，致使河道淤塞不通，恰好京城发了大水，包拯便不管三七二十一，命人把河岸上的建筑物通通拆掉。有人拿出证据举报侵占河岸搞建筑的主人，包拯一概查清并弹劾了他们。

在包拯1056年出任开封府知府一年半的时间里，迅速清理了一批由于权贵们的关系造成的冤假错案，使含冤受屈的人得以昭雪。

在包拯身居高位以后，他的“衣服、器用、饮食如布衣时”，实为一代廉吏。他在用刑时力主慎重，认为“人死不可复生”，为政力求敦厚，但对恶吏和豪门欺负百姓却深恶痛绝。他经常嘱咐家人：“我的后代子孙做了官，如有犯贪污罪的，就不得回老家，死了也不许葬在祖坟中。不听从我这个教诲的，就不是我的子孙。”

包拯刚正不阿，受到人们的极大尊重，后世有关包拯“陈州放粮”、“铡驸马陈世美”等剧都是对这种清官的赞誉，也说明了百姓对清官的渴望。

人生箴言

志士仁人，无求生以害仁，有杀身以成仁。

——《论语·卫灵公》。

成长启示

志士仁人，不因贪生怕死而损害仁德，只有勇于牺牲来成就仁德。

刘仁瞻忍斩亲子

自古以来，法与情、公与私纠缠在一起，因而徇情枉法、徇私枉法的事特别多，所以，不徇私情是十分难能可贵的品德。

隋朝的时候，朝廷准备选拔一位有才能的人任华阴长吏，丞相杨素推荐荣毗担任此职。杨素的田地住宅多在华阴，他的手下放纵恣肆，荣毗一概不饶。杨素对荣毗发牢骚："我举荐你，正好用来惩罚我自己。"这是个执法不徇私情的例子。

下面要说的，是南唐时候的一件事儿，执法对象是自己的儿子，给的处分是腰斩，这种大义灭亲的举动就更难做到了。

一次，南唐的寿春城被后周的军队围攻，时间已长达一年。城虽未破，但城内的粮食已经吃完，困守孤城，和等死没有两样。于是，守城将领刘仁瞻请求上级准许让另一将军边镐守城，自己率队出城，与后周军队决一死战。

这个建议被齐王李景达否了，还把刘仁瞻臭骂了一顿，刘仁瞻气得病倒了。

刘仁瞻的小儿子刘崇谏见父亲受了委屈，也气得够呛，但他不是病倒了，而是在夜里划了条小船要去淮北投敌。不巧，半路上被一名小军官抓住，送了回来。

刘仁瞻一听此事，更是气得七窍生烟，为明军纪，下令腰斩自己的小儿子。

刘仁瞻治军很严，没有人敢求情。只有监军周廷构在中门大哭，恳求不要杀刘崇谏。刘仁瞻置之不理。周廷构又派人向刘夫人求救，刘夫人说："我们做父母的对小儿子崇谏不是不爱惜，但是执行军法就不能徇私情。如果饶恕了崇谏，那就对不起国家和百姓了，我和刘将军还有何脸面再见将士们呢？"

就这样，刘仁瞻忍痛杀了自己的小儿子，将士们无不感动得流泪。

行军打仗和做别的事有些不同的是，当场见分晓，举手不留情。治军打仗如果没有铁的纪律，即使有百万之众，也只相当于一盘散沙。古人说，联百万之众如治家。那是因为按照军队的层层编制，下级执行上级命令，最终统帅部及其统帅的命令能够一以贯之直到士兵，这个贯彻执行的过程就需要铁一般的纪律，所谓"军令如山倒"。否则，几个人也联不起来。

人生箴言

吾善养吾浩然正气。

——《孟子·公孙丑上》。

成长启示

我善于培养自己的浩然正气。

周处知过除三害

西晋初年，义兴阳羡（江苏宜兴）有位公子哥儿叫周处，他的父亲在三国时当过鄱阳太守。周处年轻的时候，仗着官宦人家出身这点优势，凭着一身好功夫，整天逞强好胜，横冲直撞，扰得鸡犬不宁。老百姓敢怒而不敢言，只好尽量躲着他，把他当成瘟神。

这一天，周处又趾高气扬地跨马在长街上穿行，街道上的人们像闪电般地都自动退到路边。正当周处志满意得之际，却见对面一位老人蹒跚而来。老人只顾唉声叹气，加上眼神又不大好，几乎和周处那匹横惯了的烈马撞个满怀。周处一勒缰绳，那坐骑停在老人面前。

"喂，老头，不想活了！"周处大声吼道。

定睛一看，老人愁眉苦脸的样子，周处更来气了："老头！现今天下太平，年成又好，你有什么不满意的，这么愁眉苦脸？"

老人生气地说："如今祸害地方的三害没有除掉，哪个人能够快乐！"

周处好奇地忙问："哪三害？"

老人愤然说:“南山上有吃人的白额虎,长桥下有吃人吃鱼的蛟,地方上有个祸害乡里的周处。”

周处听罢,心下一惊,脸憋得通红,想不到自己被列为三害之一。周处以往的威风不见了,只见他翻身下马,对老人躬身施礼:“多谢老丈提醒,我把这三害除掉就行了。”

老人激励他:“若能除去三害。那可是鄱阳郡天大的喜事。不过说说容易,做到就难了。”

周处独自一人跑进南山,寻找猛虎。那吊睛白额虎也在千方百计寻找可口的食物。

这时,周处已打黎明走到日暮,也累了个够呛。好小子,只见他“嗖”地一声,拔出佩刀,三步并作两步就冲了上去。那猛虎也分外眼红,冲了上来。再看血花飞时,那猛虎已身首异处。

第二天一早,周处提了颗虎头招摇过市,吓得家家闭户,人人罢市。

周处稍歇之后,又得意洋洋地提着佩刀来到长桥,扬言要斩蛟于水中。有几位胆大的便随着他去看热闹。

好一个周处,只见他来到长桥,一纵身跳入水中。

那巨蛟,长数米,凶猛万状,素日里吃的是鱼蛙牲畜。今日见有人送上门来,也一样毫不客气,张嘴便要咬。周处用刀一划,巨蛟没了主意。周处攻上去,巨蛟回身要咬他后背。

岸上的人只看见一会儿冒上周处的头来,一会冒上巨蛟的尾来。就这样没日没夜地格斗了三天三夜,巨蛟招架不住,顺水而逃。周处紧随其后,追了十余里,终于斩杀了巨蛟。

百姓一看江水里片片殷红,以为巨蛟已死,周处也累死了,便奔走相告，拍手称快。都说：“这下好了，三害一下子除掉了。”

周处斩蛟后回来，悄悄地探看人们对他丰功伟绩的感激情况，却不料人们为他的死而摆酒相庆。这才知道大家对自己是多么的憎恨，觉得没脸见人，于是到吴县去投奔著名学者陆机、陆云兄弟，向他们求教。

周处见到陆云，把自己的所作所为都一五一十地相告，最后不好意思地说：“我现在想改正自己的错误，可是过去虚度了年华，现在已经成人了，怕是学不好了。”

陆云说：“你既然认识到错误，离改正就不远了。古人道：早上知道了做人道理，就是晚上死了也是值得的。你现在还年轻，只要努力学习，前途是光明的，浪子回头金不换。”

周处听了此番劝告，便静下心来刻苦学习，认真修养。

过了一年，周处不但知识丰富了，而且在为人处世方面，言行谨慎，谦恭礼让。郡人纷纷推荐周处去做官，州府长官听了周处的事，便招他去为官，为百姓立新功。后来，周处投身军旅，成为一名勇敢善战的指挥官，在一次战斗中不幸牺牲，被追封为平西将军。

人生箴言

见善如不及，见不善如探汤。

——《论语·季氏》。

成长启示

看到善良，像赶不上似地去追求。看到邪恶，像手碰到沸水那样地避免。

陶渊明愤世弃官

唐代浪漫主义诗人李白叹道："安能摧眉折腰事权贵，使我不得开心颜。"他说："天子呼来不上船，自称臣是酒中仙。"唐代人孟浩然也有这样的骨气，别人定好日子约他，要把他推荐给朝廷，他正和友人饮酒，对这件事不屑一顾，终于不仕。清代的县令郑板桥不把做官当回事，后来辞职回家作画去了。在这几位洁身自好者前面，还有这样一个典型，他叫陶渊明。

陶渊明，原名陶潜，字元亮，是东晋大将陶侃的重孙。

陶渊明生于公元 365 年，卒于 427 年，东晋浔阳柴桑（江西九江）人。

陶渊明 29 岁在江州做过祭酒（管理学务），为了不受其他小官的束缚，看不惯官场丑恶，不久弃官回家。后来又出任镇军参军、建威参军等小官。

41 岁时，陶渊明任彭泽县令，上任 80 多天，就有代表郡太守督察县乡、宣达教令，并兼司狱讼捕亡等事的督邮来县视察，县吏便让陶渊明整衣束带，以下级对上级的礼节接待督邮。陶渊明认为自己的抱负因黑暗的政治而无法实现，还要为了五斗米的俸禄屈节奉迎上司，简直是奇耻大辱，便长叹一声："我岂能为五斗米折腰向乡里小儿！"说罢，便愤然辞官而去。

陶渊明一生曾有三次出仕，三次归隐，出仕而不能辅佐明君，不能实现行仁政的抱负，便不愿与世俗同流合污，辞官归隐。这种不为五斗米折腰的硬骨头精神和潇洒的入世和出世风度，为后来的文人所称道。

陶渊明隐居后，亲自耕田，体会着农民的疾苦，穷困时常常吃不上饭，盖不上被。境况好转时，耕田收获之余，也能读书饮酒、品茶赏菊，心情好了，还抚琴高歌，过着"采菊东篱下，悠然见南山"的田园生活。

在陶渊明的隐居生涯中，他借诗文来表达自己壮志难酬的不平，揭露统治阶层的黑暗，成为田园诗人的鼻祖。他把自己对理想社会的渴望写成《桃花源记》，至今流传。陶渊明的诗品、人品是东晋末世处于穷途末路而愤世嫉俗的产物。

公元420年，刘裕代晋称帝（宋武帝），国号宋。公元424年，刘裕的儿子宋文帝刘义隆即位。公元427年，陶渊明在这种社会大动荡中溘然长逝，终年65岁。

人生箴言

大凡物不得其平则鸣。

——韩愈《送孟东野序》。

成长启示

大凡物类受到不公平的待遇，就要发出不满的呼声。

太史血笔存正气

周秦时期的文章多写在用竹子制成的竹简上(写在木条上的叫牍)，然后用绳子把这些竹简穿起来成册。那时记录国君言行及有关重大事件的历史就写在这些竹简上，人称为青史。作为记录历史的官员和学者，历史对他们的最起码要求就是真实。

过去，有位文人写书，一富人带了许多黄金，求文人在书上载自己一名。文人道:“你做了什么好事够得上我为你写一笔，这不是脏我的书吗?”

《三国志》的编修者陈寿，其父曾因犯事被诸葛亮处罚过，但陈寿在该书中绝无贬低诸葛亮。

司马迁编修《史记》，虽其与当时的皇帝汉武帝同时，但对汉武帝的迷信行为一点也没有隐瞒。

孔子编《春秋》，奸佞之徒皆惧。

如果把这种秉笔直书的文人气概，再行上溯到齐庄公死后那几天，更是上演了惊心动魄的一幕。

齐庄公是个有雄心也比较能干的君主,希望成就齐桓公那样的事业。但是,这个人有一个毛病,就是生活作风不检点。

有一次,庄公无意间发现大臣崔杼的妻子棠姜长得十分漂亮,真是减一分则嫌瘦,加一分则嫌胖,心中就动了邪念。于是,就想方设法往崔杼家跑,终于和棠姜勾搭上了。时间长了,这事儿就传到崔杼耳中了。

崔杼是个性情粗鲁的人,一听此信,立刻暴跳如雷,决计报复。

恰在这时,庄公的近侍贾竖因一点鸡毛蒜皮的小事被抽了一百鞭子。崔杼便拉上他一起密谋复仇。

这天,崔杼装病没有上朝。这下正中庄公下怀,他便以探病为名到崔杼家里,直奔内室。贾竖挤眉弄眼地对庄公的几个侍卫说:"主上干什么你们不晓得吗?别跟着讨没趣。"

几个侍卫一听有理,便留在外面。

庄公到了内室,不见棠姜,便唱了几句情歌。

就在这时,廊下传来兵器碰撞声。庄公开始喊人,无人答应。推门,门被锁上。便知大事不好,准备破窗而出,却只见外面的甲士已层层围了上来。"嗖"的一箭,正中左腿。庄公从窗台上一跤跌下,甲士一拥而上,庄公于公元前547年5月一命呜乎。

崔杼杀了庄公,立庄公子杵臼为国君(景公),自己则大权独揽。

从上古开始,我国就有史官制度,官称太史,记载国君的言行,不溢美,不隐恶。

崔杼杀了庄公,却让太史伯写成"齐庄公死于疟疾"。

太史伯说:"我是史官,秉笔直书、尊重事实是我的职责,哪能随便捏造事实呢?”

崔杼一听火就上来了,怒问:“那你准备怎样写?”

太史伯就在竹简上写道:“夏五月乙亥,崔杼弑其国君光。”

“你有几个脑袋敢和我作对,给我重写!”

“我宁可掉这脑袋也不会篡改事实!”

崔杼见他倔强,就命人杀了他。

太史伯有三个弟弟,分别叫仲、叔、季。按照古代的传统,太史职务一般是祖传的。

伯死后,仲代兄职。太史仲写这段事,和太史伯一字不差。

“你想得到你哥哥的下场吗?给我改!”崔杼吼道。

“写不写在我,杀不杀在你。你杀我算什么,能封得住天下人的口吗?”

“天下居然有如此不怕死的!”崔杼想。“杀了!”崔杼又吼了一嗓子。

仲死后,其弟接过这支血淋淋的笔。太史叔不多说话,照样像他的哥哥们那样写。崔杼也不多说话,照样像杀他的哥哥们那样杀了他。

叔死后,其弟季继承了这个事业。太史季面对三位哥哥的鲜血,正气凛然,坚贞不屈。

“你三个哥哥已经死了,你难道真的不爱惜自己的生命吗?你如果改了,免你一死!”崔杼又吼道。

太史季朗声说:“据实写史,这是史官的本分。失职而生,还不如死!从前赵穿杀晋灵公,太史董狐因赵盾身为正卿而不追究赵穿之过,因而写道‘赵盾弑其君夷皋’,赵盾并不责备董狐,因为他知道史职不可亵渎。眼前这件事,即使我不写,天下必定还有人写,并不能改变历史。而你杀太史越多,增加的唾骂便只能越多!”

崔杼被这全家四位硬骨头的勇气震惊了,叹了口气,走了。

当太史季抱着笔和竹简回到史馆,在门口正碰上南史氏抱着笔和竹简走出来,便问他干什么去。南史氏气喘吁吁地说:“听说你的几个哥哥都被杀了,怕你也不保了,准备来继续你们的事业。”

人生箴言

圣人一视同仁,笃近而举远。

——《韩昌黎集》卷十一《原人》。

成长启示

圣人一视同仁,对亲近者诚恳,对疏远者也同样诚恳。

皇甫规不向权官低头

东汉桓帝时，戍边大将皇甫规奉命率军前往西部边境，但不幸的是，途中瘟疫流行、药材缺乏，又加上道路崎岖，所以延误了抵达凉州(治今甘肃凉州市)的时间。一路艰辛，这支队伍终于到达凉州城外。就在此时，皇甫规看到了无法忍受的一幕：几个逃难的羌人想进城，但汉军士兵不说一句话，端起长枪刺向羌人的胸膛，顿时血溅三尺。皇甫规见此，一把夺过长枪，怒斥道："你为什么要杀他们?"士兵不以为然："刺史大人有令，见羌人格杀勿论!"正说着，凉州刺史郭闳前来迎接皇甫规，并要设宴款待，皇甫规断然拒绝，弄得郭闳好不尴尬。郭闳对皇甫规很恼火，却又无计可施。这时，凉州首富李百万想出办法：送一份厚礼。但皇甫规可不吃这一套，他拒绝了礼物。自此，郭闳对皇甫规恨之入骨。

一天夜里，皇甫规走在大街上，突然听到一户人家传来哭喊声，跑过去一看，只见两个官兵正在抢一个女子。原来郭闳看上了这个女子，想占为己有，明要不成，于是便派官兵暗抢。皇甫规一听，火冒三丈，一脚将官兵踢出丈外远。

不久，皇甫规设法查到郭闳一伙欺压百姓、贪赃枉法的证据，上报朝廷请求严惩郭闳等人。在得到朝廷的允许后，皇甫规将郭闳等人当众处斩，但是李百万却成了漏网之鱼。他逃到京城，以钱财笼络人心，成为丞相、大臣们的座上客，就连最得宠的宦官徐璜等也给他三分面子。他这样做的目的只有一个——寻找机会向皇甫规复仇。而此时的皇甫规却丝毫没有感觉到危险的来临，他在凉州主持政务，在羌人中宣传朝廷的政令，帮助他们发展生产、安居乐业，老百姓非常拥护他。不久，羌人部落酋长率十多万人前来归顺，皇甫规不用一兵一卒就使得边疆平定了。但就在这时，汉桓帝却下了诏书："……皇甫规领兵不力，畏惧不前，延误战机，却收买笼络人心……"皇甫规只好进京接受审查。

金銮殿上，皇甫规据理力争："军队没有按时到达凉州，是因为军中瘟疫流行，又遇到道路崎岖，并非畏敌不前；羌人归附，不是因为收买将领，而是严肃法纪和安抚边民的结果。不动一兵一卒便可平定边疆，不仅没有让百姓蒙受战乱之苦，还为国家节省了一笔很大的军费开支，这难道也有罪吗?"桓帝无言以对，只好让徐璜等人继续审理此案。

当晚，正当副将们为皇甫规担忧的时候，徐璜让太监王公公找上门来了。他暗示皇甫规：只要送笔厚礼，保证平安无事。皇甫规一听，拍案而起，大骂道："狗东西！讨饭也要看清门面!"王公公气得直发抖，悻悻而去。深夜，一个副将捧着一个包裹，偷偷地走到院门口，正要出门，却被皇甫规厉声喝住。原来，皇甫规早就料到副将们会偷偷地帮自己打点，送礼给徐璜。他严厉地责备说："你跟我这么多年都白跟了吗?!"副将无奈，只好作罢。

没有得到任何好处的徐璜信口雌黄，咬定皇甫规确实有收买羌人头领之事。桓帝大怒，当即要下令将皇甫规革职查办，遣往边境服苦役。就在这时，宫廷外聚集了三百多人，为皇甫规鸣冤；几个正直的大臣也不断为皇甫规求情。最后，桓帝无奈之下，只好另外派大臣前往凉州实地查案。

人生箴言

私情行而公法毁。

——《管子·八观》。

成长启示

徇私舞弊之风盛行，国家的法律就会被破坏。

吕蒙正不记人过

北宋时，金銮殿上。文武百官正就参知政事（相当于副宰相）的人选一事争论不休，大臣李之成推荐吕蒙正，因为他为官清廉，在百姓中威望很高；但另一位恃才傲物的大臣毛尚谦却极力反对，理由是吕蒙正不过是平庸之辈，不能胜任。几番争执，皇帝最终决定参知政事一职由吕蒙正担任；而李之成则被派到外地去做官，不日赴任。

一家酒楼里，吕蒙正为李之成饯行。酒席上，李之成说起朝中争论，正要告诉吕蒙正作梗之人的姓名，吕蒙正连忙摇头说："多谢你良苦用心，但我还是不知道为好，一来免去很多是非，二来也少了很多官场斗争。"李之成告诫他：为人太忠厚，将来定要吃亏。就在这时，隔壁房间有人大声嚷嚷："今天在朝廷上，众大臣都举荐吕蒙正为参知政事。他吕蒙正算个什么东西？也配当参知政事！"李之成为吕蒙正抱不平，拍案而起，要去找那人理论，但却遭到吕蒙正的阻拦。李之成忍无可忍，大骂吕蒙正乃胆小怕事的平庸之辈。吕蒙正涨红了脸说："我知道你是为我好，可是，你仔细想一想，如果我现在知道了那个人的姓名，就会终身不忘他的过错。要是以后碰上与他有关的事，我必然会带上个人恩怨，我之所以不愿追问他的姓名，就是为了日后能真正做到大公无私，秉公办事。为了国家的利益，我个人的一点委屈又算得了什么呢？"李之成无言以对，只能无奈地摇摇头。

一年后,李之成管辖的浮梁县(今江西景德镇市东北)煅烧出绝世无双的瓷器“龙泉青池”,准备作为贡品献给朝廷,谁知在进贡的前一天却不慎被李之成打碎了。大家不禁胆战心惊:重新赶制绝无可能,临时更换又是欺君之罪。最后,差役想出一个办法:命令工匠稍作修复,蒙混送到朝廷,皇帝发现瓷器破碎,定以为是运送途中不慎所致。但是还有一个难题没有解决:如何应付转运使的验收。李之成得知此次担任转运使的恰好是毛尚谦,不禁松了一口气:此人性格粗略,马虎大意,略施小计便可骗过。原来,李之成祖传“麒麟青池”与贡品极为相似,可以将“麒麟青池”拿给毛尚谦检查,然后再调包。不出所料,毛尚谦虽然发现贡品有些异处,但并未深究。“龙泉青池”运到朝廷,皇帝打开一看——竟是一堆碎片,龙颜大怒,毛尚谦还来不及反应就已经成了阶下囚。吕蒙正觉得事有蹊跷,便替毛尚谦求情,并主动请命审理此案。

身陷囹圄的毛尚谦左思右想,终于知道了真相:自己马虎大意,被人陷害了。此时,恰逢吕蒙正来询问案情,毛尚谦激愤不已:“你别猫哭耗子假慈悲了!说不定还是你和李之成合计好了,一起陷害我的呢!明明是‘龙泉青池’,他给我看的却是‘麒麟青池’,你们设好了圈套让我钻!偏偏我又落到你的手中!”吕蒙正大吃一惊:难道这件案子与李之成有关?

当晚,吕蒙正奔赴外地,找到李之成询问实情。李之成仗着自己与吕蒙正是多年故交,又有知遇之恩,以为他一定会帮自己,于是对案情直言不讳。不料吕蒙正执法严明、刚正不阿,当下将李之成缉拿。满腔义愤的李之成抓住最后一根救命稻草:“你不要口口声声替毛尚谦说话!你可知当年是谁当着文武百官的面反对你担任参知政事的,又是谁在酒楼里大骂你不配当参知政事的?就是他!毛尚谦!如今他这样狼狈,还要感激我呢!帮你出了一口怨气!一边是朋友,一边是敌人,你站在哪一边?"吕蒙正不为所动,毅然决定将他缉拿归案。吕蒙正还了毛尚谦一个清白,自己却落下了"忘恩负义"、"以怨报德"的骂名。金銮殿上,"龙泉青池"一案大白天下,皇帝决定以欺君之罪处死李之成,朝廷上下无人敢言。这时,吕蒙正勇敢地站出来,摘下官帽,愿以自己的官职换回李之成一条性命,文武百官也纷纷求情,于是皇帝只好从轻发落。

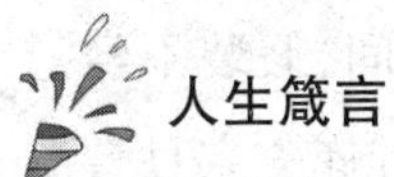

人生箴言

信,国之宝也。

——《左传·僖公二十五年》。

成长启示

信用,是国家最宝贵的东西。

朱云以德服人

西汉时,朱云和荀获、公孙衍是多年的同窗好友,三人经常在一起辩论,但每次都是以朱云的雄辩而告终。久而久之,公孙衍非常嫉妒,便挑拨离间,说朱云满口仁义道德,其实是个目中无人的草包。他故意对荀获说朱云看不起他,并怂恿荀获报复朱云,于是两人想出一个计策。公孙衍和荀获来到朱云的房间,假装不经意地提起五鹿充宗主持的《易》学辩论大会,并说:“五鹿充宗仗着皇帝的宠幸,狂妄自大,根本没人敢反驳他。你对《易经》这么有研究,何不去跟他斗一斗?”朱云有些犹豫,因为他觉得五鹿充宗为人并不坏,而且对《易经》也不是一窍不通,这样的人只是想出出风头,又何必去搅局呢?公孙衍见此,又以激将法触怒朱云,朱云终于决定和五鹿充宗比试一下。

第二天,朱云来到会场,看见五鹿充宗居中高坐,场内济济一堂,肃静无声。五鹿充宗见无人敢言,便得意非凡:“皇上命我主持这次《易》学大会,蒙各位同道赏光,这些日子也解决了一些问题。今天是最后一天,要是没有什么问题的话,我们这次大会就算圆满结束了。”这时,朱云站出来,连连发难,问得五鹿充宗哑口无言,汗如雨下,会场上一阵骚动。五鹿充宗尴尬之中想放手一搏,他也连连向朱云提问,朱云面不改色,对答如流,令所有的人惊叹不已。五鹿充宗也佩服得五体投地,大力夸赞朱云,并要禀明皇上,下诏褒奖。朱云婉言拒绝:“我来只是想切磋学问,并不想求荣华富贵,大人好意,我心领了。”自此,朱云远近闻名,“五鹿棱角被朱云扳断”的故事到处流传。

荀获和公孙衍非常懊恼:原本想让他在会场上出丑,杀杀锐气,却不想成全了他。两人一计不成,又生一计,他们鼓动朱云和张禹辩论。没想到一语既出,朱云满口答应。原来,张禹是皇帝的老师,仗着资历,为非作歹,大肆搜刮钱财,干了不少坏事,朱云认为斗张禹是义不容辞。荀获有些后悔,担心朱云此去会惹出麻烦,也怕张禹报复,但公孙衍却不以为然。

第二天一大早,朱云来到张禹府上,要请教几个问题。张府家仆仗着主人的权势,非但不让朱云进门,还大骂他不知天高地厚。朱云略施小计,塞些银两,那人便立即换上笑脸,飞跑着去为朱云通报。张禹听说有人要向自己请教,非常高兴,想借机捞取“礼贤下士”的名声,可他一听说来人是朱云,就立即拒绝,并让家仆将朱云轰走。朱云失落地回到学堂,公孙衍故意嘲弄:“你出去转这么一圈儿,谁知道你去没去?说不定是害怕张禹,故意找的借口!”朱云气得立即匆匆地跑出去,边跑边说:“他下朝的时候,我在路口等他!”

果然,当张禹的官轿迎面而来时,朱云走到路中央,挡住去路,大声说:“我要请教张大人几个问题!”官差扬起鞭子正要抽打朱云,却被朱云一手擒住,官差连喊“救命!”原来,朱云还略会一些拳脚。轿子被迫停下来,张禹大发雷霆,命令官差们缉拿朱云。荀获见势不妙,拉着朱云没命地逃跑。荀获和公孙衍都吓破了胆,但朱云却无所畏惧,他毅然要上书朝廷,揭发张禹的罪行。他知道皇帝未必会相信自己的话,于是想出一条妙计:上书朝廷,要求当廷发表政见，到时候当着皇帝和文武百官的面，再把张禹的罪行抖出来。

果然，汉成帝看了朱云的奏章后，对他非常赏识，答应召见。于是，在文武百官面前，朱云滔滔不绝："陛下登基以来，关心生产，加上这些年风调雨顺，年年丰收，国库充实；边防巩固，数年不动刀兵；又关心文教，推行儒术，天下好学成风，真是太平盛世。"汉成帝正听得飘飘然，朱云突然话锋一转，说："但是陛下喜欢任用亲信，一些大臣不仅缺乏才干，而且生性贪婪，仗着陛下的宠信、手里的权力，不理政事，只顾敛财。此辈不除，国事难免日非，若陛下赐我尚方宝剑，我一定要杀一个人来整顿朝纲，使别的官员不敢再犯。"汉成帝中了圈套，忙问："你要杀的人是谁？"朱云用手指着张禹。汉成帝勃然大怒，斥责朱云辱骂朝廷命官，当即要将其斩首。朱云不为所惧，慷慨陈词，众大臣也纷纷为他求情。汉成帝意有所动，收回了成命。但是，张禹也并没有被治罪，只是皇帝不再宠信他了。从那以后，荀获和公孙衍真正服了朱云了。

人生箴言

不别亲疏，不殊贵贱，一断于法。

——《史记·太史公自序》。

成长启示

不分亲疏、不分贵贱的差别，一切用法律来判断。

李离错判自罚

李离是春秋时晋国典狱官。

晋国王宫,君臣们正在争论。晋文公和几个大臣都认为:李离应无罪释放,因为他执法公正,刚正不阿,乃不可多得之人才,而且晋国如今内忧外患,正值用人之际,李离纵然错判了他人,也罪不该死。但是,有一个大臣却持反对意见,他认为:“王子犯法与庶民同罪,若典律不严,则民心必乱,无法做到依法治理天下。”晋文公大怒,下定决心要赦免李离。原来,李离是晋国执掌司法的大臣,他在一次判案中,错杀了一个无辜的人,按照律例,必须处以死罪。

令所有人大吃一惊的是,李离竟然一再主动要求处以死罪,他甚至不愿走出监牢,还写了一份言辞恳切的奏章,讲明道理,恳请晋文公治自己死罪。晋文公愁容满面,对此事不知如何是好。太监为他出了个主意:找丞相去说服李离。

丞相到了监牢,听说李离已经绝食三天了。他就想出一个好办法:以喝酒为名,劝李离吃东西。果然,他略施小计就轻而易举地使得李离进食了。但是,他想劝说李离放弃自罚的目的却没有达到,李离像中了魔似的,求死之心不可动摇。

一计不成,晋文公只好自己出马了。他亲自来到牢房,紧紧地抓住李离的手:“本王命你掌管司法以来,社会安定,这是晋国之幸,更是百姓之幸。你责任重大,出点小错在所难免,何必要像处置下级官员一样自罚?”李离义正词严地说:“国家之典律,理应共同遵守,王子犯法与庶民同罪,身居司法高职,又怎能知法违法?我意已决,还请大王发落吧!”晋文公无言以对,只好作罢。

无奈之下,晋文公只好顺从了李离的意愿。正当他犹疑地要下令的时候,宫门外聚集了许多的民众为李离请愿。人们振臂疾呼:“李大人清正廉洁,大王不可杀他!”“人非圣贤,孰能无过?”晋文公把自己的无奈说给百姓听,一个老百姓想出办法:让李离错判的受害人妻子出面,恳请李离不要自罚。晋文公有些为难:人家刚刚死了丈夫,怎么愿意做这种事呢?这时,却见一女子拨开众人,上前说道:“我愿意随同前去!”此人正是受害人的妻子钟氏。

李离一见钟氏,立即跪倒在地。钟氏劝慰李离:“人死不能复生,你又何必过分自责!大人是国家栋梁,只要大人为民众请命,夫君在天之灵也一定会原谅你的!”李离却说:“我李离执法又怎能违法,你回去吧!”钟氏告诉李离全城百姓都跪在宫门外,等待大人走出监牢。李离听了此话,犹豫了一下,走了出去。宫门前跪满了民众,强烈的阳光照射在广场上,人们头上冒出滴滴汗水。晋文公看见李离走了出来,不禁笑道:“看来寡人的脸面竟不如一名村妇!”

李离赶忙对百姓们说道:“各位乡亲,快请起来。”但大家却一动不动,其中有一人说:“大人若不答应放弃自罚,我们就跪地不起。”李离答应了大家,他说:“我扪心自问,并无大功,却得大家如此厚爱,倍感不安。然一旦执法不严,执法者违法,则典律何以服人?”说着,迅速从一侍卫腰间拔出宝剑,架在自己脖子上,“我深受大王之恩,感谢各位乡亲之情,然我无以为报,既然大王不肯批复,我唯有自刎以儆效尤。”宝剑“啃”的一声落地,李离也应声倒下。

晋文公抚尸大哭，民众也失声痛哭。

人生箴言

有功则赏，有罪则刑。

——司马光《进修心治国之要札子状》。

成长启示

只要有功就赏赐，只要有罪就处罚。

周举弹劾恩人

东汉时,金銮殿上,顺帝正在下令:各大臣每人要举荐刚毅猛进、富于谋略、能胜任将帅的人才。话音刚落,担任司隶校尉(掌管纠察京师百官)的左雄立即出列,举荐曾任冀州刺史的冯直。尚书周举一听,强烈反对,两人在朝廷上争执起来,场面非常尴尬。满朝文武对此议论纷纷,很多人说周举忘恩负义,以怨报德。

原来,当年左雄担任尚书令的时候,曾经极力举荐周举,所以周举才会有今天;也有人说周举秉公办事,不阿谀小人,因为左雄举荐冯直确实是个很大的错误:冯直曾经因贪污罪名而受到朝廷的惩罚。两派各执己见,争论不休,顺帝一气之下宣布退朝,大家不欢而散。

当晚,周举写了一份奏章,恳切地向顺帝弹劾左雄,因为他作为朝廷命官,保举人才不当,将受过惩罚的贪污犯举荐为将帅。顺帝看到奏章后,虽然同意周举的观点,但是却对周举弹劾恩人的做法非常不满,认为他忘恩负义,不懂仁义道德。

周举弹劾恩人的事很快就传开了,朝中文武百官只要对周举有过恩情的都非常气愤:"如此小人,当初真不该帮他!今天左雄被弹劾,我们离被弹劾的日子也就不远了!"

左雄听说周举弹劾自己,气得大发雷霆,大骂自己当年瞎了眼,养虎遗患。就在这时,冯直的父亲登门拜访,他告诉左雄:周举此次弹劾只是一个开头,后面还有更大的阴谋——结党营私,独霸朝政。左雄将信将疑,冯父便说:"不信,你去察一察,周举这几天正在四处游走，拜访各位大臣。”左雄派下属去打探，发现周举果然在挨门挨户地拜访各位大臣。左雄怒气冲天，他没有想到周举已经堕落到这种地步！盛怒之下，他立即写奏章给顺帝，将自己的所见和周举结党营私的罪行一一列出。

奏章刚刚送出，周举就登门拜访。左雄对他非常冷淡，但周举却异常镇定地说：“你是最后一个，也是最难说服的一个。”左雄莫名其妙。周举开门见山地说：“我知道这次我上奏弹劾你，你可能会觉得不合情理，你当初对我有大恩，我不该忘恩负义！”左雄心里一怔，但仍旧不理不睬。

周举在左雄身边坐下，给他讲了一个故事：战国时，赵国的赵盾起用韩厥担任司马（掌管军政），但是韩厥却在上任的第一天，就把赵盾一个犯法的仆人给处决了。这件事传开后，很多人为赵盾鸣不平，觉得韩厥忘恩负义。但赵盾却不这么认为，他对同僚们说：“韩厥不是忘恩，而是报恩。我当初举荐他是因为我相信他会恪尽职守，不负我望。现在他果然是一个好司马，他用自己的刚正不阿报答了我的举荐之恩！”周举接着说：“你也是因为我有才干才举荐我，所以我决不敢盲目阿附你，使你蒙羞。但想不到你的见解却和赵盾不一样！”左雄被这一番话打动了，脸上露出愧色，他连忙向周举赔不是，同时又告诉他：自己曾是冯直父亲的部下，又和冯直是好朋友，所以推荐他。面对左雄的坦诚，两人冰释前嫌。

后来，左雄病重，顺帝前来探望，问他有何心愿，左雄说：“周举清廉忠心，正直无私，是个不可多得的人才，可以委以重任！”他把当年自己的错误行为和盘托出，恳请顺帝原谅。顺帝终于明白了原委，立即召见周举，委以重任。

人生箴言

刑过不避大臣,赏善不遗匹夫。

——《韩非子·有度》。

成长启示

惩罚有罪过的人,即使大臣也不能放过;赏赐做好事的人,即使平民百姓也不能漏掉。

晋文公赏罚分明

晋文公开创了晋国霸业，但他对待任何事情、任何人都非常注重原则，是一位人人敬仰的名主。

有一年，晋文公下令攻打曹国，赢得了胜利。为了报答恩人僖负羁，晋文公当着满朝大臣宣布："大小三军不得擅动僖负羁及其家人一草一木，否则，就问斩，决不留情。"众大臣们知道晋文公一向纪律严明，就个个对僖负羁一家礼让三分。

晋文公手下有两员大将——魏犨和颠颉，他们都在伐曹一战中立下大功，深得晋文公赏识，晋文公已给他们加官封赏。这两个人十分妒忌僖负羁，仗着自己劳苦功高，就偷偷地潜入僖负羁宅院内，跳上房屋，商量着想把僖负羁从房里捉出来杀了。可无巧不成书，他们所立足的房瓦由于年久失修，有些松动，突然坍塌，魏犨和颠颉二人跟着便翻到了屋内。一根大梁压在魏犨胸口，幸亏颠颉安然无恙，他及时将魏犨救了出去，二人灰溜溜逃回居所。第二天，晋文公知道了这件事，大动肝火，他认为魏犨和颠颉身为大将，竟敢违背自己的号令，擅自行动，便准备下令押二人入狱，砍头问斩。

晋文公身边大臣赵衰觉得不妥，就对晋文公说："魏犨和颠颉二人在战场上立下了汗马功劳，而且又是二员猛将，骁勇善战，如果仅为这件事就杀这二人，实在太可惜了吧！更何况，他们刺杀僖负羁并未成功啊！"

晋文公一脸严肃，对赵衰说道："功是功，过是过，赏罚必须分明。"

赵衰不甘心，又问道："一定要问斩二人吗？"

晋文公非常遗憾地回答："先前二人立功我已封赏，现在二人犯错必定要惩罚，何况魏犨看来已经残废了，就杀了他吧！"

赵衰略加思索，对晋文公道："让我先去看看吧，如果魏犨没有残废，那就让他戴罪立功吧！"

晋文公点头应允，随后下令捉拿颠颉杀头问罪。

魏犨正在府中休养，心里一直惶恐不安，怕晋文公怪罪下来。此时听说大臣赵衰来看他，立即强忍痛楚，起床下地，装着没什么大碍的样子出门迎接赵衰。赵衰仔细打量一番，问他感觉如何，有没有什么地方不妥。魏犨怕赵衰看出端倪，便一口咬定说是没什么，并且为了不使赵衰怀疑，就施展拳脚、上窜下跳，赵衰见他确实没事，就回去禀报晋文公。

晋文公得知魏犨并未残废，对赵衰说："他没残废是万幸，我答应不杀他的头，但是他犯法却不能不办。"于是，晋文公下令革去魏犨的军职，让他戴罪立功。上下三军领教到晋文公军令如山，再也没有一个人敢擅自做主有所行动了，同时，对晋文公赏罚分明、不徇私情的处事态度，众人也都钦佩不已。

人生箴言

发号施令，在乎必行；赏德罚罪，在乎不滥。

——包拯《论星变》。

成长启示

发号施令,关键在于一定施行;奖赏善行、惩罚犯罪,关键在于不随意扩大范围。

孙武军令如铁

春秋时期,吴王阖闾为了称霸诸侯,到处招纳人才。他的一位大臣——伍子胥向他推荐了齐国的孙武。

吴王派人前往齐国将孙武(即孙子)请到了吴国。

吴王看了孙子撰写的《孙子兵法》后深为叹服,称这是一本奇书。便对孙子说:"你的战略战术都很好,能不能演练一下让我看看?"孙子说:"当然可以。"吴王又问:"那能不能用女子来演练?"孙子答道:"兵不分男女,当然可以。"

其实,吴王想把演练既当作对孙子兵法的检验,也当作一种娱乐活动。他亲自挑选了宫中180名美女,交给孙子。孙子把她们分成两队,再遵照吴王的嘱咐,让他的两个宠妃当队长。

随后,孙子把这一群宫女编成队列,每十个人为一小队,先对她们进行了一番训话,然后才开始训练。孙子喊令,一人击鼓,队伍一队一队地出列。看见队伍七扭八歪的样子,宫女们都大笑不止，吴王也在台上笑得挺不起腰来。

孙子大喊一声："停下！"但袅娜娇嗔惯了的宫女们根本安静不下来，有的笑弯了腰，有的揉着笑出眼泪的双眼。见此情景，孙子严厉地说："若再有人不听号令，当斩首。"受训的宫女们一听，马上止住了笑声。

传令开始，鼓声又响。孙子喊着号令，一队队女兵出列，都能跟上号令。但那两个队长仗着吴王的宠爱，依然嬉皮笑脸的，老是不听号令。

孙子正色道："听令。"但吴王的两个爱妃还是不听，并纵声大笑起来。

孙子一声喝令："来人！将这二人推出去给我斩了！"随后重新启用两名宫女做队长。

吴王一看要斩自己的两个爱妃，顿时大吃一惊，慌忙对孙子说："我已知道你会用兵了，请饶了她们俩。没了她俩，我会吃不香，睡不好。"

孙子说："大王在上，臣已接受大王命令，正像你所说：'治军之法，将在军中，君命有所不受'。"

吴王无话可说，只得眼睁睁地看着自己的两个爱妃被推出去斩了。宫女们见大王的爱妃都被斩了，没有再敢违抗军令的。这样，一下子个个成了训练有素的女兵。

人生箴言

为善则预，为恶则去。

——颜之推《颜氏家训·有事》。

成长启示

做好事要积极参与，对坏事要避而不做。

许衡拒绝白吃梨

宋元更替之际，各地战争不断，到处兵荒马乱。著名学者许衡便是在这样的环境下成长起来的。

有一年，许衡和几位朋友一起外出，途经刚遭遇战争洗劫的豫北，由于百姓大都逃难去了，田地都荒芜了。当时正值炎热的三伏天气，大家顶着火热的太阳赶路，个个汗出如浆，口干舌燥。走了几十里路，也没找到一滴水解解渴。

就在这时，一个同行的朋友连喊带叫地向前飞跑而去。原来，在前面不远的路旁，挺立着一棵高大的梨树，树上挂满了黄澄澄的大梨。大家一哄而上，争先恐后地摘梨，只有许衡坐在树阴下，好像没看见那些大梨。

有位朋友走过来，一边大口大口地啃梨，一边把一个梨递给了许衡，并不解地问他为什么不去摘几个梨解解渴。

许衡把梨接过来后，连连称赞是好梨，并问多少钱一个。

朋友说不要钱，这是野梨。

许衡争辩说野梨不会长这么大，这么好。他反复看着梨树，很肯定地说："这肯定是农夫种的梨树，是有主人的。"

有人说："这兵荒马乱的年月，还讲究什么家梨、野梨？吃了解渴就行。"

许衡反驳说："这梨树的主人肯定逃难去了，我们没有征得主人的同意，随便摘人家的梨吃，是不道德的。"

随后，他又用手指了指自己的胸口，诚恳地对大家说："梨是无主的，可是每个人的心里是有主的。不是自己的东西，是不能拿来吃的。"说着就劝伙伴们不要摘了。

众人都嘲笑他太迂腐。

许衡听了别人的讥笑并没有生气。他看了看那位朋友，表示自己宁愿干渴，也绝不随便吃别人的梨。

人生箴言

先义而后利者荣，先利而后义者辱。

——《荀子·荣辱》。

成长启示

把义放在利之前的人光荣，把利放在义之前的人耻辱。

董宣宁死不低头

公元25年，刘秀消灭了王莽政权之后，重新建立了汉政权，定都洛阳，史称东汉。

为了搞好都城洛阳的治安，光武帝刘秀派为人刚直的董宣任洛阳令。董宣刚上任不久，就发生了这样一件事：

刘秀的姐姐湖阳公主的家中有一个管家杀了人，董宣带人追捕时，凶手却躲进了湖阳公主的宫中。董宣只是个小小的洛阳令，是没资格进入皇亲国戚的高门的。因此，他就命令手下人在门口守候，凶手只要一出来，立即逮捕。

一会儿，守候的人回来报告，说杀人凶手出来了，但不敢逮捕。董宣忙问怎么回事，手下讲："杀人凶手是跟随着湖阳公主出来的。"

董宣听后，二话没说，招呼了几个衙役便追赶湖阳公主的车队去了。

很快，董宣就赶上了湖阳公主，他拦住了湖阳公主的车马，上前向公主躬身施礼道：

"公主，我是洛阳令董宣，现在您的仆人中藏了一个杀人凶手，请您允许我将他抓获归案。"

湖阳公主平时仗着自己是皇亲，刁蛮惯了，一听要抓她的人，便恼怒道：

"小小的洛阳令，你有几个脑袋敢挡住我的去路，抓我的人！"

董宣听了微微一笑道：

“下官只有一个脑袋，也确只是个小小的洛阳令，但我这颗脑袋是为维护国法而长的。”

说着，董宣猛地从腰中拔出宝剑，厉声道：

“谁敢无视国法！衙役们，给我抓人！”

董宣一声令下，众衙役们一拥而上，将杀人凶手结结实实地捆了起来。湖阳公主一时被董宣的威严镇住了，她大喘着粗气，呆呆地坐在车中，说不出话来。

这下可把湖阳公主气坏了，丢了个小小的管家倒没什么，可让她当众丢面子，这在她是无法容忍的，便怒气冲冲地到光武帝那里告状去了。

光武帝一向对董宣的印象不错，可这回一听董宣当众冲撞了自己的姐姐，心想：这个董宣也太过分了，这不是羞辱皇家吗？心中也有些生气，便命人将董宣抓来，他要当着姐姐的面重罚董宣，让姐姐出口气。

董宣押到后，光武帝二话不说，便令人用鞭子狠抽董宣。董宣不讨不饶，毫不畏惧。他昂着头对皇帝大喊道：

“陛下包庇无视国法的人，那么国家的法律岂不是一纸空文？陛下的江山何以永存？陛下如果非要我死，我自杀好了！”

说完，便一头向盘龙柱撞击，顿时血流满面。

光武帝没想到董宣这样刚直，急忙唤手下人将董宣救起。他知道：董宣的话确实很在理，自己这样对待董宣是不公正的。但为了顾全皇家的面子，平息姐姐的怒气，他只好又命令董宣给湖阳公主磕头，赔不是。可董宣就是不肯。光武帝让卫士把董宣的头往地上按，强使他磕头，可董宣却用两手死死撑住地，挺着脖子就是不低头。卫士忙向皇帝禀报说：

“董宣的脖子长得太硬了。”

光武帝听了只好笑笑说：

“把这个‘硬脖子’撵出去算了！”

董宣宁死不低头，即使是对至高无上的皇帝，仍表现出了一个正直地方官的高尚气节。

人生箴言

信言不美，美言不信。善者不辩，辩者不善。知者不博，博者不知。

——《老子》第八十一章。

成长启示

诚实的话不漂亮，漂亮的话不诚实。好人不花言巧语，能说会道的不是好人。聪明人知识不博杂，见多识广的人不一定真聪明。

何充不畏强权

东晋时期。一天，镇东大将军、江州刺史王敦大宴宾客。将军府里，张灯结彩，好不热闹。李大人、王大人、黄将军、刘将军们都早早地来到将府，王敦的部下何充也在座，真是高朋满座、宾客如云。王敦同官员们谈古论今，红光满面，兴奋异常。

东晋时的王氏家族是名门望族，除王敦官拜大将军外，他的堂兄王导是当朝宰相，声威显赫。王敦的胞兄王含出任卢江郡的刺史。王氏家族，何等威风，无论是朝中官员，还是地方官吏，哪个敢惹？哪个敢碰？

可王含虽出身名门却不自爱。他为官不廉，贪污受贿，身为刺史，却尽干些不法之事，欺男霸女，鱼肉百姓，性情凶顽刚暴。此人在卢江早已声名狼藉，就是朝中一些官员，对其劣迹也时有耳闻，只是惧怕王家的声威，不敢弹劾。

可就在这次宴会上，在大庭广众之下，王敦却大言不惭，屡屡为其哥哥评功摆好，说他哥哥“清廉正直”、“关心百姓”云云。

“是……是。”客人们连声附和。

谁敢不附和呢？王家可得罪不起啊！

王敦见客人们附和，更加得意地说：

“家兄在郡，官声很好，卢江人士都称赞他哩！”

何充见王敦竟这样不顾事实，颠倒黑白，越听越生气。他再也听不下去了。“嚯”地站起，气愤地说：

"王将军,你错了,我何充就是卢江人,我从乡亲们那里听到的却和您说的恰恰相反!"

王敦的脸色"刷"地变了,一句话也说不出来。

宴会厅里气氛顿时紧张起来。大家窃窃私语:有说何充讲得好,有说何充是吃了熊心豹子胆,竟敢在太岁头上动土的;有说何充不识时务……可大多数人都为何充捏一把汗,心里说:"何充,你不要命啦!"

再看何充,只见他坦然地坐在那里,神色自若,仿佛在向客人们宣布:"我尊重事实,怕什么强权呢?"

人生箴言

导千乘之国,敬事而信,节用而爱人,使民以时。

——孔子《论语》。

成长启示

治理国家应该事事认真,时时诚信,处处节约,关心群众,及时抓住发展机遇。

刘基秉公直言

刘基，又名刘伯温，本来是元末的官员，因为对元朝的腐败政治不满意，常常写点文章讽刺时事，后来被解职，回到家乡（今浙江青田））。朱元璋的军队打到浙江时，听说他很有才干，就把他请来，做了朱元璋的谋臣。他足智多谋，善于用兵，为明王朝的建立立下了汗马功劳；再加上刘基为人正直，敢讲真话，因此，深得朱元璋的信任和敬重，所有军机大事都与他商量。刘基也很感激朱元璋的知遇之恩，常常是有话直说，毫不顾忌。

后来，朱元璋做了皇帝，渐渐地骄横起来，办事独断专行，喜欢听奉承话，动不动就把提反对意见的大臣治罪。而刘基并没有因为朱元璋的变化而改变自己诚实、正直的为人，仍然是心里怎么想就怎么说。

一次，朱元璋找刘基商量，要把老丞相李善长撤掉。刘基一听，忙说：

“不好！不好！善长是开国功臣，跟随您多年，且善于化解各方面的矛盾，在大臣中威望很高，我认为现在不能撤换他。”

朱元璋吃惊地说：

“善长素来嫉妒你，多次说你的闲话，我以为您一定会同意撤换他，真没想到你却为他说话。”

“李善长看上去宽厚，实际上心胸狭窄，这是他的致命弱点。但丞相这个职务，于一国举足轻重，如要换，一定要找个真正合适的人。”刘基答道。

“你看杨宪合适不?”

杨宪和刘基志趣相投,来往十分密切。朱元璋想:这回你该同意了吧!

刘基思索了一会儿说:

“杨宪这个人博学多才,正直无私,的确具备做丞相的才能,但他器量太小,不能容忍别人的缺点,缺少做丞相的胸怀和气度,我认为杨宪不合适!”

朱元璋没想到刘基会这样评价他的挚友,心中十分佩服。又问:

“汪广洋怎么样?”

刘基毫不犹豫地说:

“汪广洋更不行,他的偏执比杨宪更厉害,却缺少杨宪的公正和无私!”

朱元璋见刘基把自己看中的人都否定了,心中有点儿不甘心,又问道:

“那么,胡惟庸呢?”

胡惟庸是个工于心计的人,很会见风使舵,因此很得朱元璋的信任。朝廷中谁也不敢得罪他。

刘基可不管这一套,他早就看出此人不地道。一听说皇上要让他当丞相,当时就急了,忙站起来说:

“万万不可拜他为相!打个比方吧,国家就好比一辆车,丞相就像驾车辕的马,让杨宪、汪广洋当丞相,只不过跑得慢点或不稳,让胡惟庸当,就会折辕翻车!”

朱元璋见刘基讲得有理有据，毫无私心，只好把丞相一事暂时放了下来。

后来，朱元璋还是让胡、汪二人当了丞相，果然出了乱子，朱元璋才后悔没听刘基的话。

人生箴言

曾子曰："吾日三省吾身：为人谋而不忠乎？与朋友交而不信乎？传不习乎？"

——《论语·学而》。

成长启示

曾子说："我每天都多次自我反省：我为别人办事有没有不忠实呢？我和朋友交往有没有不讲信用呢？对老师所传授的知识有没有不去温习呢？"

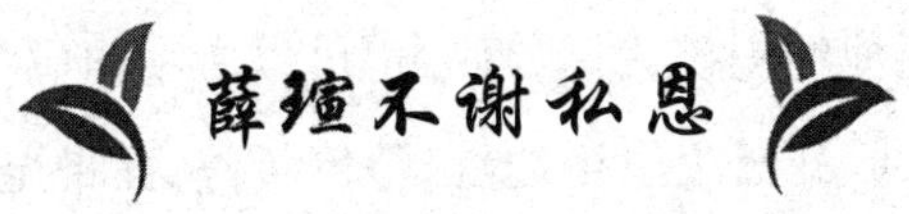

薛瑄不谢私恩

明英宗正统年间,山东提举佥事薛瑄被提升为大理寺少卿。

薛瑄接令后,便日夜兼程赶往京城。三天后便来到了京城门外。这里早有一簇人在恭候,那是横虐京城的"锦衣卫"。"锦衣卫"是由太监控制的专门监视大臣们行动的特务人员。

"来者可是新任大理寺少卿薛大人?"为首的一个锦衣卫问道。

"正是。"薛瑄淡淡地回答。

"我等奉王公公之命,在此恭候多时了。"锦衣卫忙吩咐手下道:"快护送薛大人到府第休息!"

王公公并非别人,他就是权倾朝野的司礼监王振。

"谢谢诸位。"薛瑄对王振专权、弄权的丑行和锦衣卫横行不法的劣迹早有所闻,他从心眼里鄙视他们。因此睥睨地说:

"不必劳驾各位了,住处我已安排好了。"

薛瑄没有像其他进京做官者那样。投门子、送帖子、拜上司,而是稍事休息后,便到大理寺上任去了。

在大理寺,薛瑄勤于职守,公正廉洁,受到上上下下的好评。

一天,他的上司、大理寺正卿找他谈话。

"薛大人,你可知道你是怎么出任此职的?"正卿问。

"德温(薛瑄字)才疏学浅,全仗同僚推荐,圣上错爱,实在有愧!"薛瑄虔诚地回答道。

"不,薛大人,你错了。你之所以能从一穷学官到进京做少卿,完全是王公公成全。”当今朝廷大权尽在司礼监,你应当前去拜谒王公公,以感谢他的提携之恩,日后也可以有个照应嘛!

薛瑄一听,脸孔马上涨得通红,他停了停,面带愠色道:

“多谢大人指教,不过,我做的是朝廷的官,却要谢恩于私室,我薛瑄怎么敢这样干呢?”

大理寺正卿对薛瑄的正直赞叹不已。

几天后,文武百官在东阁议事。大家正在闲聊,忽听“王公公到!”吆喝声由远及近传来,只见几个太监簇拥着一个三十多岁的太监走进堂来,堂上顿时鸦雀无声,百官们很快按品级排好,弯腰垂首,异口同声地说:

“向王公公请安。”

“罢了。”王公公只是不屑地一挥手,连头也没有点一下。

薛瑄岸然站在大柱旁,毫无表示。

“他是谁?见了本监怎敢如此傲慢?”王振蓦然瞧见薛瑄问道。

“启禀公公,他就是新任大理寺少卿薛瑄。”大理寺正卿答道。

“噢!原来是薛大人。”王振心中虽然不快,但表面仍装出一副礼贤的姿态,走到薛瑄面前,拱手施礼道:

“薛大人。可好,在下有礼了。”

“好!好!”薛瑄漠然作答,并未还礼。

王振一贯盛气凌人,哪里受过如此冷遇。从此便怀恨在心,伺机设法陷害他。

欲加之罪,何患无辞?不久,王振无中生有,指使御史弹劾,诬说薛瑄有受贿开脱罪犯情事,把他送进死牢。

薛瑄没有屈服,但也没有为自己辩解,他知道,这是自己不会拍马屁的必然结果。消息传开后，朝野上下议论纷纷。行刑那天，整个京城愤怒了，人们切齿痛恨王振。王振见众怒难犯，最终没有敢处死薛瑄。

薛瑄那种蔑视权贵的浩然正气永远为人们所钦佩。

人生箴言

失信不立。

——《左传·襄公二十二年》。

成长启示

失去信用，就不能立身立国。

第二章

正直诚信是为人之本

诚信不仅是一种品行，而且更是一种责任；不仅是一种道义，而且更是一种准则；不是一种声誉，而是一种资源。

对社会而言，诚信是正常的生产生活秩序的保障，是一个社会正常运转的基本要求；对于我们来说诚信能树立良好的个人形象，一个不讲诚信的人在社会中是被人瞧不起的，也是没有前途的。

对于我们学生来说，诚信是如此的重要。如果一个中学生没有诚信，那他将会寸步难行。他得不到友谊，也无法得到周围人的信任。诚信是最宝贵的品质和财富。学生们正处在人生观、世界观的形成阶段。要把自己修养成为一个讲诚信的人，必须树立起远大的理想。远大的理想能够激励你去努力学习，增长知识，苦练本领，关心国家和民族的命运。

周恩来少年时代饱经家境衰落的困苦，国家动荡的惨状，激发了他立志救国的远大志向。他如饥似渴地吸取新知识，追求新思想，奋发学习，博览群书。周恩来响亮地说："为中华崛起而读书！"

纵观人类历史，大凡有作为的伟大人物，他们从小就树立了远大的志向，立志为国家为民族干一番大事业，这是他们读书求知的精神动力。

远大的理想对于人来说，是多么地重要。我们应该从小树立远大理想，踏踏实实走好每一步，用正直诚信打造自己的梦。

“人，以诚为本，以信为天。”没有诚信的人生活在世界上，如同一颗漂浮在空中的尘埃。只要诚信做人处世，才能在社会上立足，才能得到事业发展，才有光明的前途。让我们从现在开始，做一个以诚信为本的人！

如果你是个铁骨铮铮的好男儿，就应该学会把痛苦作为一种隐私深埋在自己宽厚的胸膛里，永远用你的微笑去面对父母；永远用你的欢颜去感染妻子；永远用你的笑声去浇灌孩子灿烂的心灵。

——读书札记

石碏大义灭亲

春秋时期,卫国有个名叫石碏的大臣,正直无私,廉洁奉公,深受大家的敬重。其大义灭亲的故事,更是流传千古。

石碏的儿子,名叫石厚。他不但没有继承父亲的优良品德,反而养成了胡作非为的恶习,经常跟着卫庄公的小儿子州吁在外面为非作歹。身为国家重臣的石碏,看在眼里,恨在心上。有一天,他抓住石厚,狠狠地抽了五十下皮鞭,直打得石厚皮开肉绽,呼爹叫娘。

然而,这五十下皮鞭,并没有使石厚痛改前非。他乘看守人不备,爬窗越墙,逃到了州吁那里。两个坏蛋臭味相投,狼狈为奸,继续做伤天害理的坏事。卫庄公对此却不闻不问。石碏在无可奈何的情况下,深感自己愧为国家栋梁,便辞去官职,回家休养。

石碏辞官,也没有使石厚回心转意。卫庄公死后,其长子恒公继位。这时,石厚便替州吁出谋划策,让他杀死哥哥,取而代之。州吁果然刺死桓公,登上了王位。州吁做了国君后,对石厚感激万分,封石厚做了上大夫。这时,石厚又替州吁出主意说:“阁下虽然夺取了王位,但全国军民不服。若要大家心服,必须攻打郑国,从郑国获取财物,充实国库。”

州吁自然言听计从,便派兵去侵略郑国,从郑国抢回了许多财物,甚至把郑国刚刚成熟的庄稼,也抢来运回卫国。这么一来,全国军民更是不满,一时间怨声载道,骂声连天。

州吁慌了手脚,又叫石厚给其拿主意。石厚这回把主意打到了父亲身上,对州吁说:“我父亲是卫国德高望重的老臣,只要请他出来讲话,民怨自然消失。”

州吁便赶紧派人去请石碏重新出山。

石碏看到石厚、州吁的倒行逆施,早就怒火填胸。看到州吁派人来请自己替他收买人心,便不动声色地说:“要想树立权威,首先要得到周朝天子的认可,要想得到周天子的认可,首先要取得陈国国君陈侯的同情,你们赶紧拜访陈侯去吧!”

州吁、石厚不知是计,还以为石碏真心帮助他们。于是,急忙携带厚礼兴冲冲地赶到了陈国。谁料刚一进陈侯家大门,伏在门后的士兵一拥而上,将他们捆了个结实。原来,石碏早在他们去陈侯处之前,便派人送去一封血书,痛陈了二人的罪恶,要求陈侯伸张正义,帮助翦除卫国国贼。陈侯依计行事,果断地抓捕了这两个坏蛋。

州吁、石厚二人在陈国被捕的消息传到了卫国,卫国军民无不欢欣鼓舞。石碏立即出面召集群臣,商议如何处置这两个国贼。大家纷纷建议说:“州吁是罪魁祸首,不杀不足以平民愤;石厚乃帮凶随从,还应从轻发落。”

石碏听到这些话后,立即站出来严肃地说:“州吁杀君篡位,石厚为虎作伥,二人恶贯满盈,死有余辜,应立即派人到陈国将他二人就地正法。如果大家考虑到石厚是我的儿子,对他姑息、宽恕,那么,我也不好违背大家的意志,扰乱国家的法律,只有亲赴陈国,杀掉孽子,谢罪国人!”

石碏大义灭亲的高尚品德,深深地感动了大家。众大臣很快统一了意见，派人到陈国依法处死了州吁、石厚。

人生箴言

轻诺必寡信，多易必多难。

——《老子》第六十三章。

成长启示

轻易的许诺总是缺少信用，多把事情看得太简单，做起来一定有很多困难。

柳宗元重义助友

唐朝安史之乱后，藩镇割据，宦官专权，政治腐败。唐顺宗李诵即位之后，任命王叔文、王伾、刘禹锡、柳宗元等人组成革新集团，对唐朝政治、经济、军事上的弊政进行了大胆的改革，但这次改革只进行了146天便告失败。

永贞革新失败以后，二王、八司马惨遭迫害，柳宗元被贬为永州司马，刘禹锡被贬为朗州司马，在政治上饱受打击，处境十分险恶。

唐宪宗元和十年（公元815年），朝廷对柳、刘二人进一步进行政治迫害，将柳宗元放逐到“柳州”（今广西柳州市）任刺史，刘禹锡放逐到播州（今贵州省遵义市）任刺史。

柳、刘二人一贯志同道合，情深义厚，共同遭遇又将他们的命运紧紧地连在一起。多年的放逐生活，使柳宗元的身体受到很大损害，健康状况极为不佳。刘禹锡的处境更为困难，他的八旬老母依靠他赡养，如果将老母带到播州，势必凶多吉少；如果不带老母，势必母子永别。

在自己和朋友都十分困难的情况下，柳宗元首先考虑的不是自己，而是刘禹锡的实际困难。他想到柳州尽管也很偏僻，但较之播州，条件要好一些，因此，他毅然向唐宪宗上了一道奏章说：

“播州地处荒僻，生活十分艰苦，而刘禹锡上有白发老母在堂，让刘禹锡携年事已高的老母到播州上任，确有不当。我不忍看刘禹锡走投无路,情愿自己到播州赴任。将刘禹锡换到柳州,即使为此事受到了更大处分,就是死了,也不怨恨。"

唐宪宗看到奏章后,也感到让刘禹锡去播州有些不妥。于是,改任刘禹锡为连州(今广东省连县)刺史。

柳宗元以柳易播之事虽未能实现,但在自己和朋友都十分困难的情况下,他毫不考虑个人的得失,以友情为重,以义气为重,充分表现了他磊落的人品和高尚的情操。

柳宗元去世之后,其挚友韩愈为其撰写了墓志铭。在《柳子厚墓志铭》中,韩愈对柳宗元以柳易播之事发表了大段议论:

"唉!读书人遇到了最困难的处境才能显现出他的节义。现在有些人以酒肉相聚,平时指天发誓,誓同生死,但有一天遇到小小的利害,则反目无情,即使你掉到了坑里,他也不会伸手拉一把,反而挤你下去,又丢下石头。这种人听到柳子厚这种行为,也应该稍微感到羞耻吧!"

韩愈这段愤世嫉俗的议论,既热情赞颂了柳宗元的高风亮节,也无情地鞭挞了世上那些以利相交,利尽交散,以至为一点小利而陷害、出卖朋友的无耻之人。

柳宗元以柳易播的行为,充分体现了中华民族"重义忘利"的传统美德,其高尚的人品永为后人仰慕。

人生箴言

不诚于前而曰诚于后,众必疑而不信矣。

——司马光《资治通鉴·唐纪》。

成长启示

你过去不诚信而声言今天一定诚信，大家必然是怀疑而不相信你的。

赵匡胤义送京娘

宋朝开国皇帝赵匡胤，年轻时性格豪爽，见义勇为，曾留下“千里送京娘”的佳话。

赵匡胤青年时期，王侯军阀割据天下，相互混战，百姓颠沛流离，苦难深重。一年夏天，他在叔父赵景清的道观避祸养病，忽然听到一个女子的哭泣声。经过仔细盘问才知道，这是一个被强盗抢来的弱女子，名叫京娘。家住山西蒲州解梁县小祥村。赵匡胤听到这个姑娘的不幸遭遇后，同情之心油然而生，便决心不顾自身安危，救出这个姑娘，并护送这姑娘回到老家。

赵匡胤所在的太原，距京娘家乡有千里之遥，况且在这兵荒马乱的年代，路上强盗出没，十分艰险难行。然而，赵匡胤不顾叔父等人的劝阻，毅然护送京娘登上返乡的路程。

一路上，他让出坐骑给京娘，而自己手提浑铁捍棒，紧紧跟马步行。当走到汾州地界休县时，正遇到原先抢掠京娘的强盗张广、周进一伙。赵匡胤奋不顾身，杀死了两名强盗，为当地除了两个大害，并将强盗的车辆、金银、绸帛分给当地的穷苦百姓，然后护送京娘继续前行。

到了曲沃县，离京娘家乡只有30里路时，京娘想到赵匡胤的救命重恩无以报答，便对他说：

“我幸蒙恩人相救，才脱离苦海。您千里护送，步行紧跟，又帮我杀掉仇人，断绝后患。这个恩德如再生父母。如果您不嫌弃我丑陋，我愿意做您的妻子，一辈子报答您的深恩。”

赵匡胤听后，马上正颜厉色地说：

“我与您萍水相逢，舍生相救，并不是贪恋您的美貌，而是出于同情之心，你假如把我看作施恩图报的小人，我只有现在撒手不管了！”

京娘见赵匡胤声色俱厉，义正辞严，知道赵匡胤救自己，没有半点私心，就更加敬慕这位见义勇为的青年。

到了京娘家中之后，京娘父亲看到失散多日的女儿平安到家，对赵匡胤更是感激万分。京娘父亲赵公，感激地对赵匡胤说：

“小女的性命，完全是恩人赏给的。我们全家万分感谢您。为了报答您的救命之恩，我想把女儿送给您作一名小妾，希望您不要拒绝！”

赵匡胤一听，勃然变色，气愤地说：

“我只是为了义气，才搭救您的女儿，现在您倒拿这话来污辱我，真是辜负了我的一片热心。”

说着，怒气冲冲走出门去，跨上马身，策马扬鞭而去。京娘全家见赵匡胤道德如此高尚，更是感激不已。

当这件事传开后，有人作诗一首赞颂赵匡胤千里送京娘的义举：

不恋私情不畏强，
独行千里送京娘。
汉唐吕武纷多事，
谁及英雄赵大郎！

人生箴言

三德：一曰正直，二曰刚克，三曰柔克。

——《尚书·洪范》。

成长启示

三种美德：一是正直；二是能刚；三是能柔。

王达义葬旧主

宋朝年间，屯田郎中李昙有个仆人，名叫王达。王达虽然身为奴仆，地位低下，但李昙并不把他作奴仆看待，而是视同子侄。时间长了之后，王达感到主人李昙对自己情深义厚，心中十分感激。

这一年，朝廷从各地征募兵士。王达正值服役年龄，便离开李家，应募从军。临走这天，李昙把王达叫到跟前，千嘱咐，万叮咛，就像对待自己的儿子一样，直到将王达送到营中，这才洒泪而别。

王达服役之后，被选到捧日营。在军营中，他勤学苦练，决心不辜负李昙的期望。同时，也无日不思念自己的恩主。一晃十年过去了。这时李昙的儿子渐渐长大成人。谁知这孩子十分不成器，在家中学习妖魔之法，造谣惑众，滋扰乡里。当地人们在忍无可忍的情况下，将其举报到朝廷。皇帝听到这件事之后，十分生气，便立即下令将李昙儿子拘捕入狱，立案审理。李昙尽管没有罪恶，但受儿子株连，也被押到御史台狱中。李昙下狱之后，平日里至亲好友，个个避之犹恐不及，没有一个人敢到狱中探望，安慰他。

这时，王达听到李昙入狱的消息，便立即请假从捧日营来到御史台。他一方面为李昙受株连入狱感到不平，奔波不停为李昙鸣冤叫屈；一方面到御史台狱中探望，安慰李昙，为他送衣送饭。

40 多天过去了，御史台审理了李昙的案子，认为李昙尽管没有犯罪，但平时教子不严，也应受到处理。于是，便将李昙削职降薪，贬到恩州做别驾地方官，并责令他立即离京赴任。

李昙离开京城的时候，亲朋好友竟无一人敢来相送。他看到世态炎凉，想到自己的前景，不禁老泪纵横。正在这时，王达亲自挑着酒菜赶到了。一见李昙这般模样，想起平时李昙对他的厚恩，王达不禁放声痛哭。监押李昙的官员看王达哭成一团，忙上来劝阻。这时王达深情地说：“这是我旧日的主人，今日尽管犯法，但我决不能忘恩负义，一定要将他送出京城。”

李昙到了恩州之后，心情十分沮丧。他家里的亲人和原先的仆人，见李昙沦落到这个地步，纷纷离开了他。李昙孤身一人远在天涯，看到这种情况，万念俱灰，加上身体不好，更使他丧失了生活的勇气，便在一天夜里，含愤自缢而死。

恰在这时，王达放心不下李昙，匆匆忙忙带着母亲赶到了恩州。一见李昙含愤死去，王达心中十分悲痛。他一面让老母亲守护在尸体旁边，一面四处奔波，张罗李昙的丧事。等到出殡那天，王达跪倒在李昙灵前，失声痛哭，好像李昙亲生的儿子。当地人们看到王达这般忠义，也都感动得痛哭流涕。

后来王达义葬旧主的事传开之后，人们都感慨地说：“王达只不过是一个普通的兵士，他不顾及是否会因此罪网加身，也不想博得一个好名声好去升官；他从李昙那里得到的，也不过是衣食而已。但是，他却能这样对待落难的主人，真是忠义千秋啊！”

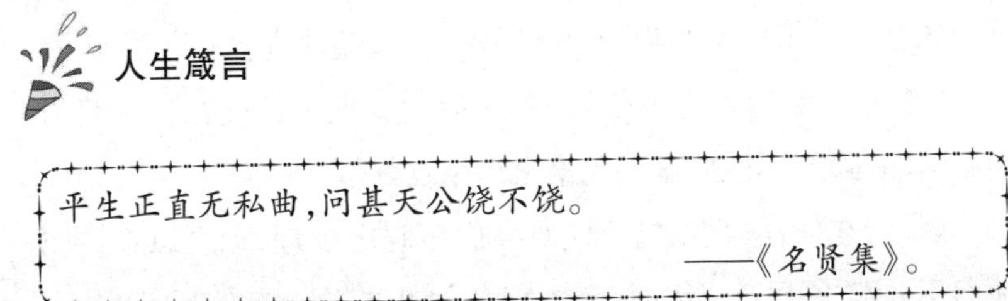

人生箴言

平生正直无私曲，问甚天公饶不饶。

——《名贤集》。

成长启示

只要自身为人正直无私,何必再问老天宽恕不宽恕。

吴风舍身破陋习

清朝康熙年间,台湾诸罗人吴风应聘到阿里山高山族地区担任通事,职责是沟通朝廷和少数民族之间的一些事务,缔结友好关系。

当时阿里山高山族,有大大小小48个部落。这些部落尽管分散,却共有一个原始、野蛮的陈规陋习,就是在每年金色的秋季,要通事送上非本地的一男一女两个活人,用这两人的鲜血来祭祀祖宗和老天爷,报答他们今年的恩赐,祈求他们保佑来年的风调雨顺,五谷丰登。

吴风接任后,旧通事就谆谆嘱咐,要求遵守旧例,沟通和高山族的感情。吴风一听当地的这个陋习,便气愤地说:

“杀死无辜的人是不仁义的,我们同少数民族交往,要引导他们破除陋习,绝不能以杀害无辜来缔结友好誓约。”

因此,在他任通事之后,便对高山族晓之以理,动之以情,劝导他们不要滥杀无辜。然而,几番善意的劝导并没有使这些高山族的首领幡然省悟。传统的愚昧,落后的习俗,仍然令他们要杀人祭天。

这年的秋季即将来临。部落的首领按惯例找到吴风,要求他设法献上两个活人,用他们的鲜血祭天。吴风面有难色,却机智地以这天不是黄道吉日,不宜杀人为理由,提出用乌鸡白羊替代,巧妙地阻挡过去。

第二年,金色秋季又来到了。还未等部落的首领上门,吴风就准备了三头黑牛送了过去。他对首领说:

“现在山下正闹瘟疫,即使捉到活人,这些人的血也不能祭天祭祖。”

又巧妙地挡了过去。

第三年、第四年的秋祭又被吴风巧妙地用畜牲作了替代。

第五年的秋季大典又来临了。

部落首领们因今年秋收受到了较大的灾害而大大歉收,便认为是这几年没有用人血祭天祭祖的报应,便一致要求吴风在三天内搞到活人。搞不到两个,一个也行。吴风看看各个部落的首领们冷漠凶狠的目光,感到今年再也难以用畜牲之血替代敷衍了。

“怎么办?”吴风在痛苦地思索着。正在这时,一个部落首领大声地叫道:“吴通事,我们再也不能用畜牲替代活人欺骗上天和祖宗了。否则,要你有什么用呢?”

“好吧,我已做了准备,明天,你们赶到山下的小树林,可以看到一个穿红衣、戴红帽、脸上遮盖红头巾的人。这人就是你们用来祭天祭祖的活人!”吴风义愤于色,斩钉截铁地回答。

第二天,各个部落的首领按照约定,来到了山下的树林,果然有一个穿红衣、戴红帽、脸上遮盖红纱巾的人。几个首领冲上前去，不由分说，用锋利的尖刀刺穿了红衣人的胸膛。正当他们用桶接鲜血时，红衣人脸上的红头巾掉了下来。几个部落首领一看，不禁大吃一惊。原来这红衣人不是别人，正是通事吴凤！

吴凤以自己的牺牲，使在场的部落首领如梦初醒。他们至今才知道：吴凤为了让他们破除杀人祭天祭祖的陈规陋习，舍身取义，作出了自己最大的努力，献出了自己宝贵的生命。为了报答吴凤用鲜血进行的劝导，部落首领一致同意，将吴凤尊奉为阿里山神，按时祭典，并立下规矩，从此再也不用活人祭天祭祖了。

吴凤一人的死，换来了众多人的生命。这种舍身取义的高尚品德，赢得了阿里山地区各族人民的尊敬。

人生箴言

清心为治本，直道是身谋。

——包拯《书端州郡斋壁》。

成长启示

心地清净，这是治事的根本；正道直行，这是立身的纲领。

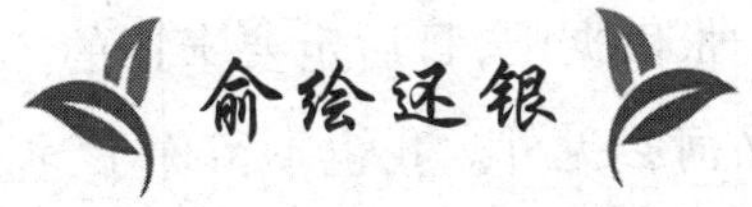

俞绘还银

明朝的时候，河南滑县有一个读书人，名叫俞绘。此人从小家境贫寒。他为人忠厚、学习刻苦已是远近闻名。经过十年苦读，俞绘考中了秀才，后来又通过乡试，取得了进京城参加会试的资格。

对此，俞绘既喜又忧：能参加会试，有可能苦日子就熬出头了，读书人哪个不期盼着这一天呢？可是，京城路途遥远，赴京的盘缠却毫无着落，想跟乡亲和朋友们借，却又羞于开口。众人得知后纷纷慷慨解囊，很快就凑够了他的路费。

第二天，俞绘一一告别众乡亲上路了。在途中，他省吃俭用，尽可能不浪费一文钱。不料当他在沛县住客店时，一个窃贼夜里潜入他的房间，将他的盘缠一掠而空。

早晨醒来，俞绘发现钱没有了，当时就如五雷轰顶，不禁号啕大哭。店老板和其他客人闻讯赶来，都表示同情却又无能为力。店老板听他说从滑县来，忽然想起沛县的冯县令也是滑县人，建议俞绘去求助，说不定县令看在老乡的份上，能借钱给他。

走投无路的俞绘也只好抱着侥幸的心理去试试看了。

来到县衙门外，他向差役说明缘由，求见县太爷。冯县令听差役报告后，吩咐将俞绘带进来。

俞绘见了县令，就如见到再生父母，泪水不觉涌出。冯县令问明事情经过后，感觉俞绘是个忠厚老实的人，便取出十两银子，说："你也不必向我借了，这点银子算我赠与你的，估计够往返费用了。”俞绘感激不尽，说：“多谢恩人对晚生如此信任，自当终生铭记！晚生还是留一张借据吧，日后定要奉还的。”冯县令笑道：“不必了，既是同乡，又何必见外。我也不留你了，抓紧时间赶路吧。”说罢，亲自将俞绘送到大门外。俞绘一拜再拜，含泪作别。

到了京城，俞绘如期参加了会试。结果出来了，俞绘没有金榜题名，不过值得庆幸的是他被任命为歙县训导（相当于县一级教育部门官员）。

歙县在徽州，地处皖南山区，离沛县千里之遥。俞绘到任后，兢兢业业供职，一直抽不开身。但他心里无日不记挂着欠冯县令的十两银子，期待有一天亲自登门致谢，奉还银子。

这一等就是三年。终于，俞绘有机会返家探亲了，途经沛县，正好可以去拜访冯县令，并奉还所借的银子。

谁知，俞绘一到沛县就听说冯县令早已病故，不由得悲伤万分。他四处打听，终于找到冯县令的儿子冯珏的住处，可等说明来意后，冯珏却说：“家父在世时并没有提及借钱给你，也没有留下任何借据，所以这银子我不能收。”

俞绘道：“我当时是要写借据的，但出于对我的信任，令尊坚持不要我写。如果因此就不还钱，我岂不辜负了令尊大人的信任？也对不起自己的良心。如果令尊大人在世，他必定会对我很失望。所以，这银子还请你收下。”

冯珏道：“听你这么说，我明白了。家父在世时，一向乐于助人，扶危济困。家父是诚心帮助你，也不想找你讨要借银，所以不肯让你写借据。既然这样的话，我又怎么能违背他的意愿呢？”

俞绘诚恳地说：“冯公子，暂且不谈这些，麻烦你带我去令尊墓地，我不能当面向他表示感谢，总要去祭拜一番吧？”

冯珏答应了。

一路上，俞绘一言不发，心情十分沉重。

到了郊外，走了一程，翻过一个山包，冯珏指着荒草丛中一座坟墓说那就是了。俞绘三步并作两步，来到墓前，已是泪流满面，说：“恩人，我来晚了！”

过了好一会儿，俞绘抬起头来，哽噎道：“恩人，若非你热心相助，俞某恐怕活不到今天。我今日专程来奉还当初所借银两，你就让公子收下，千万不要让我成为不守信义的人！”说罢连磕三个头。

冯珏见此情景，心里大受感动，忙扶起俞绘说：“俞先生真是一位诚实君子。银子我代家父收下了。”

俞绘在没有任何监督的情况下，能够自觉维护自己的信用，真不愧是一位信义君子。

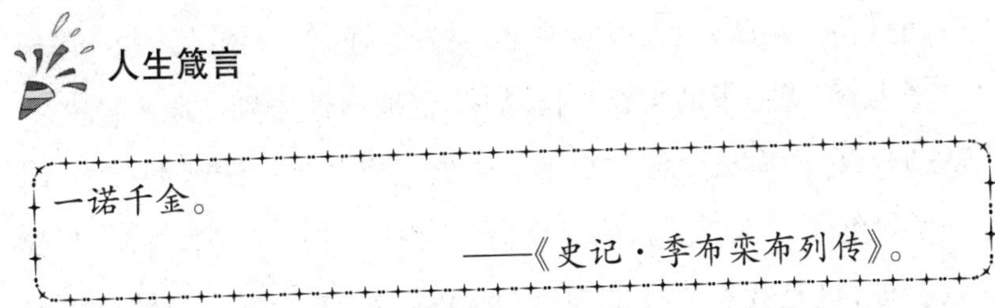

人生箴言

一诺千金。

——《史记·季布栾布列传》。

成长启示

一个承诺抵得上千两黄金。

范式守信赴约

东汉时的一所学堂里，一个刚入学的新生，穿着一件破旧的外衣，背着一个旧布包，他就是范式。几个同学指着范式窃笑。老师把范式介绍给全班同学，但是几个富家子弟却故意刁难他，脚下使绊，将他绊倒在地上。这时，一个同学扶起了范式，他叫张劭。放学后，范式很孤单，一个人坐在小树林里，衔着一片树叶，吹出悠扬而悲伤的乐声。这时，张劭出现了。张劭想学吹树叶，范式就不厌其烦地教他，两人玩得很开心。但过了一会儿，那几个富家子弟也来了，他们又嘲笑范式的破旧衣着。张劭火冒三丈，把他们痛打一顿。老师知道了这件事后，罚张劭跪两炷香，范式不忍心，陪着张劭一起受罚。从此，两人情同手足，成为了好朋友。

一天，范式将张劭叫到小树林，郑重地向他告别。原来范式家生活拮据，已经无法支付学费了。张劭想出各种办法帮助范式，但范式都拒绝了。他送给张劭一片树叶，说："你一直想学这个，我都没教会你，这是我一直吹的树叶，你很喜欢，送给你。"张劭也将自己的玉佩送给他。两人约好十年后的这一天在小树林里相见。

十年一晃就过去了。范式当上了刺史，新官上任伊始，就遇到了当年欺负自己的富家子弟李挺——他本来是想巴结新任官员的，没想到竟然是范式，李挺有些尴尬，但立即恢复常态，与范式称兄道弟，并送上厚礼，范式断然拒收，李挺只好灰头土脸地带着礼品回去，愤愤地说："一个小小的刺史有什么了不起！京城再大的官我也结交过！咱们走着瞧！”

夜晚，范式坐在桌边，手拿玉佩，喃喃自语：“我和张兄相约之际快到了，不知他这十年生活如何？”正想着，却听到门外有人击鼓鸣冤。原来是一个老妇人的女儿在客栈被谋杀了，“凶手”正好被活捉。范式命人将“凶手”带进官府，他万万没有想到，“凶手”竟然就是自己惦记了十年的张劭。张劭也认出了范式，正在惊喜间，却发现范式异常冷漠地看着他。其实女子是李挺害死的，张劭正好路过，于是便成了替罪羊。可怜他一介书生，百口莫辩。范式虽然觉察出有些蹊跷，但一时也无法断案，只好将张劭押入大牢，隔日再审。李挺担心夜长梦多，真相败露，于是想出毒计，要让张劭黑锅背到底。他买通牢房的看守，让他们故意以范式之名，对张劭实施酷刑，把他打得遍体鳞伤。张劭信以为真，当下肝胆俱裂，心灰意冷。此时范式却仍然蒙在鼓里。

夜晚，范式换上便服探监。张劭怒发冲冠，大骂范式假仁假义，并宣称与他恩断义绝。范式一头雾水，隐约感到事情有些不对劲，却又摸不着头脑。这时，张劭的老母亲远道赶来，告诉范式前因后果：张劭不忘十年之约，远赴洛阳（今河南洛阳市东北）相会，却不想遭受横祸。老母亲老泪纵横：“我儿从小侠义心肠，谁料忠义之士竟被人陷害！而且害他之人竟是生死之交……”

范式心潮澎湃，决心要将案件查个水落石出，还张劭一个清白。李挺得知此事后立即找来替身自首，并买通京城大官，诬陷范式办案不力，渎职失责，将他革职为民。

被革职的范式一身布衣，带着行李返乡。他突然想起了十年之约，立刻转身往反方向走。老管家拉住他：“你为张劭丢了官，他又对你满腔忿恨，还去干什么呢？再说，张劭早就随母亲回乡了，你去等谁呢？”范式执意要去。

傍晚时分，他来到小树林，那一片小树已经长大了，树枝高耸入云，树干也粗壮得一人抱不过来了。范式背靠着树干，捡起一片树叶，放在嘴里，悠扬而伤感的乐声又回荡在树林里。天色渐渐暗了，范式放下树叶，准备离开，突然身后传来悠扬的乐声——张劭正坐在树边，嘴里也衔着一片枯黄的树叶。

人生箴言

诚者，天之道也；诚之者，人之道也。

——《礼记·中庸》。

成长启示

诚，是天道；对别人讲诚信，是做人之道。

晏殊诚实无欺

北宋时，一个竹篱笆围成的院子内，有几间瓦房被绿树环抱着，屋内传出一阵阵孩子们朗朗的读书声。只见教书的老先生停止朗读，放下课本，一脸笑容地和孩子们猜起了谜语，孩子们拍着桌子叫好，只有晏殊还在看书。孩子们一连猜出了几个简单的谜底后，就遇到难题了，硬是把晏殊拖了过来。由于晏殊平时对周围事物观察仔细，不少谜底都被他一一揭穿，获得了老先生的连连称赞。

一日，老先生向自己以前的学生、奉旨巡察抚州（今江西抚州市）的王大人推荐晏殊，称这孩子聪明绝顶、才识过人。王大人听说有这等人才，马上约见晏殊会试。他们在官府花园谈诗作文，甚是投机。王大人见晏殊这么小年纪已能熟读史书经典、背诵古诗名句，非常高兴，只是他朋友的儿子阿元在边上有点心生妒忌。王大人想试探晏殊的创作能力，让他看景作词一首。想不到，晏殊只观察一会儿，便吟出被世人称绝的《踏莎行·晚春》，令王大人实在佩服，阿元则自叹不如。王大人回到京城开封（今河南开封市），急忙向宋真宗禀报此事，说是在江南发现神童一名，能熟读史书、精通诗文。宋真宗正想招募各种人才，听说后非常高兴，马上下令让晏殊参加开封的科举考试。

开考那天，老先生亲自送晏殊到考场，嘱咐他说：“今天的科举考试不同寻常，他们不但年龄比你大，而且有的已是考场的老手，但我相信你的能力不亚于他们,考出你的真本事来!”晏殊连连点头称是,进了考场。这么个小孩进大考场,引起了不小的震动。王大人首先宣布考场纪律,随后发卷答题。阿元打开试卷看到题目后,不由得一阵紧张,心想怎么又是《晚春》,上回我就没有答出来,但他转念一想,如果把晏殊的词稍作修改,岂不成为佳作名篇,可以轻易博取功名?阿元高兴得笑出声来。

这时,晏殊也打开了试卷,他以为自己看花了眼,定神一看,题目的确是《晚春》。晏殊高兴得心跳不已,他想这是多么难得的好机会,我只要把作过的词填上,一篇佳作不就出来了吗?这既不是作弊,又能保证取得好成绩。晏殊想到这里,眼前浮现出令人激动的场面:锣鼓喧天,鞭炮震耳,他头戴官帽,胸佩红花,骑着高头大马向乡亲们频频招手,好不得意,突然,晏殊耳边响起了老先生的声音:“孩子,你的成绩来得真实吗?做人的基本准则是要诚实,要是自欺欺人,即使能换来好成绩,得到金榜题名的荣耀,也摆脱不了良心谴责。”晏殊感到一阵脸红,马上提笔在试卷上说明原委,请求皇上重新出题,随即交给监考官王大人。众考生以为晏殊已答完试题,不由得大吃一惊,晏殊连忙解释了一番。宋真宗非常赏识晏殊这孩子的为人坦诚,便亲自给他出了试题。

几天以后,发榜的日子到了。但张榜名单中竟有临场作弊的阿元,却没有晏殊的名字。宋真宗很关心晏殊的考试,问王大人晏殊考得如何?王大人不敢妄论,说皇上亲自出的题,还得由皇上钦定。宋真宗看过晏殊的试卷,大为赞赏。当即封晏殊为少年进士。

后来有所作为的范仲淹、欧阳修等人都出自晏殊的门下。

人生箴言

一言既出，驷马难追。

——《增广贤文》。

成长启示

一句话已经说出口了，就是用四匹马拉的车去追也难以追回了。

范仲淹信守诺言

在北宋时的三思书院里，少年范仲淹正在苦读。他出身贫寒，只能靠喝粥度日，但功课却非常出色，所以深得书院李先生的赏识。这位李先生，是一位知识渊博、精通阴阳五行的术士。他长期研究炼金术，劳累过度，最终吐血而死。临死之前，他交给范仲淹一个包裹，包口用火漆封得严严实实，还加盖了印章，托付说："这里面有一张祖传的炼金秘方，我托你代为保管，等见到我儿子时交给他。"范仲淹郑重地答应了。

范仲淹料理完后事，就进京赶考了。一路上，他并没有注意到一个戴斗笠的跛脚人一直尾随着他。走到荒无人烟的郊外时，跛脚人突然从草丛中蹿出，手持大刀逼迫范仲淹交出炼金秘方。范仲淹装糊涂，跛脚人大笑："我亲眼看见先生将一包白金和祖传炼金秘方交给你！"边说边摘下斗笠，范仲淹这才发现这人竟是自己的同窗。原来那天他在门外偷听了先生的临终遗言。范仲淹趁其不备，拔腿就跑，跛脚人紧追不舍。最后，范仲淹被逼到了悬崖边，眼看就要被跛脚人抓住了，范仲淹毅然跳崖。也许是命不该绝，范仲淹恰好被挂在悬崖峭壁边的一棵大树上，幸免于难，当时他手里还紧紧地攥着那只包裹……

大难不死的范仲淹来到京城。一日，他目睹得宠的宫廷宦官李太监欺压百姓，非常气愤，说了几句公道话，谁知居然遭到毒打，差点丧命，幸而被王大人遇见，讨个人情，将他救了下来。王大人见范仲淹伤势严重，便把他带回家中疗伤。两人一见如故，很快便成了“忘年交”。一次闲谈中，范仲淹惊奇地发现王大人竟然是已故先生的同乡，而且还是情谊甚笃的儿时好友。有了这一层渊源，范仲淹便把先生所托之事告诉了王大人。

京试发榜，范仲淹高中进士，王大人设宴为他庆功。而此时，跛脚人也投靠了李太监，成了他的心腹。跛脚人将炼金秘方一事告诉李太监，并说起范仲淹。李太监恍然大悟，立即直奔王大人府上。李太监一见范仲淹，发现他竟然是自己曾经毒打过的那个人，非常尴尬，也就少了客套，开门见山地说：“把炼金秘方拿给我，保你一辈子荣华富贵享用不尽。”范仲淹一口回绝：“我并不知道什么炼金秘方，只有一个包裹，那是受先师之托，替他的孤儿保存的。”李太监无计可施，愤然离去。

李太监无功而返，怒不可遏。跛脚人献出一计：明的不行，就来暗的。深夜，一黑影窜进范仲淹的房间，偷走了包裹。拿到包裹的李太监欣喜若狂，不料跛脚人却抽出一把匕首，直刺李太监的胸膛……跛脚人打开包裹一看，里面竟是一团破布，他一下怔住了。就在这时，侍卫们闻声冲了进来，捉住了跛脚人。原来范仲淹早就料到李太监会出此下策，所以预先将包裹调换了。

过了几天，有一个自称是李术士儿子的少年来到府上投靠王大人。范仲淹喜出望外——先师的遗愿终于可以实现了。范仲淹回忆起先师临终前的情景，那少年立即追问：家父有没有留下什么东西？王大人随即让范仲淹转交遗物。范仲淹迟疑了一下，取出包裹交给那少年。

当夜，那少年悄悄来到书房，将包裹交给王大人。王大人得意忘形地大笑：“我终于如愿以偿了！李太监只知蛮干，最后自取灭亡;我巧用计谋,神不知鬼不觉地就将秘方拿到手,范仲淹那小子还蒙在鼓里呐!”话音刚落,门“砰”地被踢开了,范仲淹出现在门口,怒斥道:“真想不到你连好友托给孤儿之物也要豪夺!”不料,王大人却哈哈大笑起来,原来同乡、好友、李术士的儿子……这一切全都是他精心策划、瞎编乱造的。范仲淹这才明白:自始至终都在王大人的圈套设计中!但是,除了愤怒,他还有一丝庆幸……王大人急切地打开包裹一看,里面竟是一些杂物。范仲淹也哈哈大笑起来,说:“你的计划确实天衣无缝,只可惜你求物心切,最后一步棋下得太仓促了!但凡人子者,听闻家父去世,当会嚎啕大哭,可这自称恩师儿子的少年却毫无表情,反而立即追问有无遗物,这怎么能不让我起疑心!”王大人颓然瘫倒在地。

三年以后,范仲淹信守诺言,历经艰辛,终于找到了先师的儿子,将珍藏的包裹亲自交给他,那包裹上面,当年的火漆和印章纹丝未动。

人生箴言

修辞立其诚。

——《周易·乾·文言》。

成长启示

言语应该建立在诚信的基础上。

季札挂剑报君

西周时期，淮河北岸、洪泽湖西有个强盛的国家——古徐国。古徐国虽不大，却是兵强马壮，称霸一方。转眼到了春秋时期，虽然古徐国没有了过去的强盛，但依然是国泰民安。

公元前544年，吴国国君寿梦的四子季札受命出使北方的鲁、齐、郑等国。季札途经古徐国，慕名去拜会当时的古徐国国君。

季札一表人才，风度翩翩，举手投足之间尽显其彬彬有礼的君子风范。而古徐国国君仁爱谦和，虽有不怒而威的君主气度，却礼让有加，使季札心仪。于是两人一见如故，相见恨晚。

席间，古徐国国君道："吴越宝剑，天下闻名。公子何不以所佩之剑乘兴起舞，让大家长长见识，也一饱眼福？"季札爽快地答道："遵命！"

话音刚落，季札已手握宝剑，随着悠扬的乐曲声翩翩起舞。只见这剑一会儿在灯火的映照下幻若彩虹，闪烁着奇异绚丽的光芒，一会儿又随着季札有节律的舞动，起伏如游龙般见首不见尾。

国君情不自禁地高声叫道："好剑！好剑！果然是名不虚传！自古英雄出少年，宝剑更添英雄气！"

季札一听，忙收身谢道："感谢国君对我们吴越宝剑的夸奖。"

随后，季札解下宝剑，让国君细细把玩、观赏。抚摸着这人间宝物，国君激动得连大气也不敢出，只是两眼紧紧地盯住宝剑，从剑梢看到剑柄，再从剑柄看到剑梢，过了好长时间，国君才回过神来,缓缓地说:“这真是人世间罕见之物啊……”

季札知道国君看上这把剑了,因为他的神情中处处流露出对这把宝剑的羡慕之情。季札想,既然我是万里赴知己,以此相赠,也算宝剑赠英雄了。但佩剑作为一种礼节是必需的,所以此时尚不能赠剑,待我完成使命回来后一定将此剑献上。这时,他的心里已经许诺将此剑赠予国君。

第二天,季札便佩戴着宝剑上路,出使他国了。

光阴荏苒,一晃就是一年多时间,季札顺利地完成了出使北方诸国的使命,准备回国了,但他的心里仍惦记着一件事……

随行者问季札:“回去时不走来时的路行吗?一来可以看看新的景致,二来也可以再结交一些新朋友。”季札坚定地说:“不!一定要原路返回,以兑现我在古徐国时心中许下的诺言。”

于是季札和随行人员马不停蹄地奔向古徐国,不料人算不如天算,古徐国国君已经病逝。悲痛之余,季札把心爱的宝剑解下来交给新国君,并说出当时的心愿。而新国君以先君无命,坚决不肯接受。季札的随行者也认为此剑乃吴国之宝,赠送给他人不大合适。季札却说:“我心中曾有过许诺,我不能欺心。”季札来到老国君的陵前,烧香礼拜,痛哭流涕。然后,他双手托起宝剑,捧在胸前,口中喃喃道:“请国君原谅我当初不赠之举,现在我特地来践行诺言了,望国君接受季札的敬意。”说罢,将剑高举过头顶,向老国君的陵墓深深地鞠了一躬,然后毫不犹豫地把剑悬挂在墓前的松树枝上,头也不回地走了。

后人有诗赞曰:“死生同白日,然诺岂黄金。”又有诗曰:“解之系墓前,诚信直若此。只今高台上,朝暮苍烟起。”季札只是心中许下诺言，他人并不知道。在老国君已不在人世的情况下，季札仍然坚持实践自己的诺言，真正做到了内诚于心而外信于人，不愧为品德高尚的君子。

人生箴言

至诚而不动者，未之有也；不诚，未有能动者也。

——《孟子·离娄上》。

成长启示

极其真诚而不能使人感动，还从来没有过这样的事情；不真诚，就没有能使人感动的。

第三章
心中的诚信与正直

为人诚信和正直有多重要?

有很多人都认为为人诚信与正直这是一件不那么重要的事,人们只不过是在生存;尔虞我诈,勾心斗角是人们生存的技能,现在很多人也不过是在生存。我们对于他人的不诚信和不正直或多或少表示理解,自己也偶尔会不讲诚信和为人不正直。

当生活继续,我们又会发现如果我们为人不诚信与为人不正直,很多人是不愿意与我们合作的。我们为了能让某些人信任,才开始注重自己的诚信度和正直表现,当然这些都是一些利己性的想法,我们也会想只要让对方不知道自己是在撒谎不就好了么?但生活就是这样,纸是包不住火的,总有一天我们会彻底失去他人的信任。

有时候,同一表现却往往有着不同的想法,很多人却认为这是个只看结果的时代,我们的内心想法变得不那么重要,大家都在说结果。就如利己性的诚信与正直和没有理由的诚信与正直又有什么区别呢？甚至有很多人都会说："我不管过程，只要结果"。当然我们只是从某一件事情来看，只要是结果达到了，那么内心想法是如何的这已经无关紧要了。但如果我们从长远的角度来考虑又会如何呢？

一个人做事的内心想法往往能体现一个人的品格，就同一件事情来说品格表现出来的东西往往不是那么明显，但就人的一生来说，因为各人品格的不同而所做的事情也会截然不同，这个时候人的内在品格的价值就体现出来了。

在生活当中我们是不可能不"撒谎"的，在这个时候我们就为人不诚实和正直了么？当然有些时候这"撒谎"并不是自己"为人不诚实与正直"了。关键点还是心中的态度。心中"诚信与正直"的态度是一个根本点，透过这点发散出来的现象是有多种多样的，而这态度虽在短期里也难以察觉，但这态度却决定了你的行动会不会长久。

人正直诚信的品格也是一个人修养的表现。

我们必须学会为自己修枝打杈寻水培肥，使自己不会沉沦为一棵枯荣随风的草，而成长为一株笔直葱郁的树。

——读书札记

明山宾诚实卖牛

南朝梁时，明山宾担任某州从事史（事务官），正好赶上旱灾，庄稼颗粒无收，百姓饥饿难耐。为民担忧的明山宾决定打开粮仓，放粮给老百姓。掾史（州郡县佐吏）周显良却认为此事非同小可，必须报告朝廷。但是等到朝廷下达命令，只怕州里的老百姓早就饿死了。明山宾犹豫了一下，毅然决定私开粮仓，并说："朝廷怪罪下来，我一人承担！"

为了维持放粮时的秩序，明山宾下令约法三章：不排队的关押十天；冒充穷人来领粮食的关押十五天，多次来领米的关押十五天；拘禁期间，家属也不能领米。告示张贴后，百姓们都严格遵守约定，放粮井然有序。

一天，一个叫李虎的中年男子急匆匆地跑到放粮处，没有排队便领米。其实李虎也是情急无奈——三岁的儿子已经饿得生了病。但士兵却不问缘由，便将他关押起来。十天后，李虎回到家时，发现儿子已经奄奄一息了。李虎大骂妻子为什么不去领米，妻子泪流满面：章法规定一人被抓，家属也不可以领米。李虎一听，将满腔愤恨记在明山宾的头上，发誓要让明山宾家破人亡。

就在这时，明山宾私开粮仓的事被朝廷知道了。朝廷大为震惊，并派命官前来追查。周显良很是担忧，但明山宾却心静如水，他说："我早就说过，出了事我自己承担！"他吩咐周显良负责放粮，自己则等待朝廷的发落。

明山宾万万没有想到的是,跟随他多年的周显良为了取而代之,竟然会背地里耍阴招:朝廷命官让周显良找几个老百姓调查情况,结果找来的都是在放粮中有所不满的人,其中也包括李虎。李虎当着朝廷命官和周显良的面,大骂明山宾,并说出自己惨痛的经历。朝廷命官得知此事后,大发雷霆,认为明山宾私自开仓并非救民心切,而是别有用心。他当即将明山宾革职,并终身不再录用。

明山宾默默地带着夫人回会稽(今浙江绍兴市)老家了。但李虎并没有善罢甘休,他竟然背井离乡,千里迢迢去寻明山宾报仇。但是,他到了会稽后,找遍所有的豪宅大院,却没有找到明山宾的家。其实,明山宾一家住在一间茅屋里,度日艰难。无奈之下,明山宾决定将家中唯一值钱的东西——一头黄牛牵到集市上去卖掉。

明山宾来到集市,往牛脖子上挂了一块价牌——“纹银三两”。行人都很惊讶:“这么壮实的一头牛竟然只卖三两银子?”明山宾一经提醒,便想更改价牌,但一个年轻人眼疾手快,抢在明山宾换牌之前,坚持买下这头牛。明山宾说一不二,以三两银子的价钱将牛卖给他。行人见了都说明山宾傻。

明山宾回到家,把卖牛的经过告诉妻子,妻子哈哈大笑,说:“这头牛能卖三两银子就不错了。”原来,这头牛几年前曾得过漏蹄病。明山宾一听,说:“那买牛的人不是吃亏了吗?”他匆匆忙忙赶到集市,已不见年轻人踪影,便四处打听,费尽九牛二虎之力,终于找到了年轻人,反复说明情况。但是那年轻人却以为明山宾是嫌牛卖得太便宜,想反悔了,所以执意不肯退还,两人就在路边拉拉扯扯……

说来也巧，正好被李虎撞见。李虎一见明山宾分外眼红，拿出匕首，想趁机刺杀。但是，当他看见明山宾身上穿的是粗布衣服，又得知他生活拮据，竟然到了卖牛求生的地步，不由得疑惑了。

而明山宾并不知道李虎与自己有仇，还误以为年轻人是李虎的儿子，便将病牛的事一五一十地告诉李虎，还说："买卖总要诚实，如果得过病的牛被当做好牛卖掉，我心里会不安的。"李虎一听，不由得从心中赞叹明山宾是个真君子。

李虎说出当年之事，得到明山宾一番解释后，满腔的仇恨也顿时烟消云散了。因为他认为一个品德如此高尚的人是不会做出危害百姓的事的。

人生箴言

诚者，不欺者也。

——曾国藩《曾国藩全集·日记一》。

成长启示

诚，就是不欺骗自己和别人。

天知，地知，你知，我知

自古以来，但凡具有一定规模的作坊和商号都有馆堂名，叫某某堂，某某斋。这种馆堂命名往往包含诚信的含义，也是一种品质的承诺。有许多姓杨的人家都喜欢将自家的店铺命名为“四知堂”，这是什么原因呢？

东汉时期有一位官员名叫杨震，曾历任荆州刺史、涿州太守、司徒、太尉等多种职务。杨震做官廉洁是出了名的，执法也严厉，因为他是陕西华阴人，人称“关西孔子”。

杨震在荆州任刺史时，认识了一位名叫王密的读书人，经过交谈，觉得此人学识渊博，谈吐不凡，就向朝廷推荐，认为是个可用的人才。后来，朝廷采纳了杨震的建议，任命王密为昌邑县（今山东境内）县令。

王密自然心存感激，总想找个机会报答恩师，但又不知该如何报答。

几年以后，王密听说杨震调任新职，并得知他从京城洛阳出发会经过昌邑，便准备好好地接待恩师。不过，他知道杨震出行一向轻车简从，而且从不惊动官府，便安排人在要道上等候。

杨震虽然随从不多，但毕竟带着家眷，气派不同于一般赶路的客商。当他途经昌邑时，天色已晚。刚在一家客店住下，就听见外面一阵喧哗，伙计们忙得乱糟糟的。杨震不知出了什么事，刚推门出去想看看，却见身着官服的王密由客店掌柜领着匆匆而来。

王密见了杨震纳头便拜，道："学生王密拜见恩师，有失远迎，恩师勿罪！"

杨震赶紧将王密扶起，说："怕你公务冗繁，不想打扰，哪知道还是被你发现了。"

王密说："学生无一日不在想念恩师，今日天赐良机，学生已在县衙为恩师略做准备，虽然简单，总比客店干净一点，务请恩师搬过去住，顺便还想讨教。"

杨震知道盛情难却，也只好客随主便，带着家眷、随从来到县衙。王密早已备好酒宴，盛情款待，倾诉离别后的思念，说："当年若不是恩师推荐，学生至今仍是市井布衣。饮水思源，恩师大德自当终生铭记！"

杨震很平淡地说："为国家举荐贤才是我的职责，只要你恪尽职守为民解忧，做个好官，我就会感到欣慰。其余的话就不必多说了。"

王密连声称是。

饭后，两人又在书房长谈至深夜。

因旅途劳顿，杨震想休息了。王密站起来道："恩师请稍坐片刻。"他取出一个小布袋，双手捧着，战战兢兢道："学生一直想报答恩师的知遇之恩。这十两黄金是多年积蓄，并非不义之财，恳请恩师收下。"

"不可不可！"杨震站起身来，"我已经说过，之所以推荐你，是为朝廷尽职，并不是出于私人交情，你谢我，我收礼，这性质就变了。希望你不要再提此事，陷我于不义。你的情意，杨某心领了！"

王密仍旧坚持要他收下，说："我知道恩师一生清廉，从不受礼。但在学生想来，这点薄礼实在不算什么，只够贴补恩师途中用费。何况此事不可能有人知道，就连学生家里人都不知，恩师还是收下吧！”

杨震有点生气了：“这话就更不对了，怎能说没人知道呢？天知，地知，你知，我知，这还不够？以为别人不知道，这样的想法更要不得，多少贪官污吏都是抱着这样的想法干下欺心的不法勾当，你现在是朝廷命官，可千万不能有这样的想法，否则就危险了！”

王密见杨震真的生气了，羞得满面通红，赶忙收好金子，送杨震回屋休息。

人生箴言

好不废过，恶不去善。

——《左传·哀公五年》。

成长启示

喜欢谁但不免去他的过失，厌恶谁但不掩盖他的善行。

周成王册封叔虞

周成王，西周国王，姓姬，名诵。其父周武王死时，他尚年幼，由其叔父周公旦摄政。

周成王小的时候，有一天，他和与自己感情非常好的小弟弟叔虞在宫中的一棵梧桐树下一块儿玩耍。

忽然，一阵秋风吹来，梧桐树上的叶子纷纷飘落。风过后，地上留下了许多梧桐叶。

成王一时兴起，便从地上捡起一片梧桐叶，用小刀切成一个“圭”(当时大臣们上朝时手中所持的)，并随手将它送给了叔虞，以玩笑的语气对他说：“我要封给你一块土地，喏——你先把这个拿去吧！”

叔虞听到成王这么说，随即欢欢喜喜地拿着这片用梧桐叶做成的“圭”，跑去将此事告知他们的叔父周公。

当时周公仍代尚是稚龄的成王执掌国政，听了叔虞告诉自己的话，便立刻换上礼服，赶到宫中去向成王道贺！

成王不解地问：“叔叔，你为什么要特地穿上礼服，赶来向我道贺呢?”

面对周公的道贺，早已将此事忘得一干二净的成王，不禁一头雾水，不知所以……

周公依然面带微笑地对成王解释道：“我刚刚听说，你已经册封了你的小弟弟叔虞！发生了这样的大事，我怎能不赶来道贺呢?”

“哦——那件事啊!”这才想起此事的成王,忍不住哈哈大笑说:“刚才,我只不过是和叔虞闹着玩而已,不是真要册封他呀!”

不料,成王的话刚说完,周公立即收起笑容,正色对成王说:“无论是谁,说话都要以‘信’为重;你身为天子,说话更是不能随随便便,当做是在开玩笑一样。如此,你才能得到人民对你的信赖呀!倘使你总是罔顾信义,任意将自己说出口的话视为玩笑,这样,你还有资格做一国的天子吗?”

周公之言,令成王深感惭愧……于是,成王便迅速决定:将叔虞册封于唐地!

人生箴言

对人以诚信,人不欺我;对事以诚信,事无不成。

——冯玉祥《冯氏族约》。

成长启示

对待别人要诚恳,以诚待人、据实相告、不隐瞒、不虚言,这样才能得到对方的信任,对方才会报之以礼。做事时,即使是微不足道的一件事,也应该重守承诺、认真完成。

晋文公封山

晋文公(前697～前628),名重耳,春秋时期晋国人。晋献公的儿子,晋国国君,公元前636至前628年在位。

晋文公元年(公元前636年)春,秦军护送在外逃亡十九年的文公重耳归国即位。走到黄河边上时,跟随重耳多年的大臣咎犯担心回国后受到疏远,便向重耳请求道:“臣跟随您奔走多年,过错颇多。这一点臣自己非常清楚。请您准许我就此离去!”重耳安慰他说:“我在河伯面前发誓,归国后一定与你们同甘共苦!”说完便把玉璧投进了河里。

当时,跟随重耳归国的还有介子推等人。介子推听到了他们二人的对话,心中暗想:“其实是上苍为公子打开了归国的道路,咎犯竟然认为是自己的功劳,以此向公子邀功求禄,真叫人替他感到羞耻。我怎能与这种人同朝为官!”于是,他便有了隐退之意。

重耳回国即位后,改革朝政,施恩于民。对于跟随自己逃亡的人以及有功之人,他则根据功劳的大小一一予以奖赏,有大功的封给采邑,有小功的授予爵位。论功行赏还没有进行完毕,因弟弟反乱而逃奔郑国的周襄公向晋国求救,文公重耳转而忙于处理此事,由于一时疏忽,犒赏群臣时竟忘了介子推。

介子推并没有因此怪罪文公重耳。他在家里对母亲说:“晋献公有九个儿子,现在只剩下了君主一人。惠公夷吾、怀公子圉无人依附,国内国外都抛弃了他们。但是上苍没有断了对晋国的恩宠,必定要选择一人主持晋国,这个人非君主莫属。君主回国即位,实际上是上苍的福佑,而那几个跟随君主的人却把功劳都归为自己,不明明是欺骗吗?窃取别人钱财的,尚且被称为盗贼,更不用说贪天之功为己有了!在下的臣子虚报功劳,在上的君主赏赐奸佞,我和这些人实在难以共处啊!"

听到这儿,他母亲说道:"你跟随文公多年,也是有功之臣,自己为什么不也去要求奖赏,自己白白走了,又去怨谁呢?"介子推则说:"明知他们是错的,自己又去效仿他们,岂不是错上加错?何况我已口出怨言,决不再拿用他的俸禄了。"

他母亲又问道:"既然这样了,你为什么不跟他们说明一下,让他们知道真相呢?"介子推回答说:"语言是修饰表现自身的,连自身都要归隐了,何必再去修饰表现呢?如果再去表现一下,那就无异于希求显达了!"

话已经说到这样,他母亲想了一下说:"你果真能这样做吗?要是真准备这样做的话,我就和你一起避世归隐。"于是,介子推便与他母亲一同隐居了起来,至死都没有再露面。

介子推原来的随从很同情他的处境,就写了一幅字挂在宫门上。这幅字的内容是:"龙欲上天,五蛇为辅;龙已升云,四蛇各入其宇;一蛇独怨,终不见处所。"

文公重耳出宫门时,看到了这幅字,便说道:"这说的是介子推啊!我只顾考虑周襄王的事情,忘记了给他行赏。"于是,他便派人去找介子推。这时,介子推已经离去。他又派人四处打听介子推的去处,听说已隐居于绵上(今山西介休县东)山中。文公没有办法找到他,就把环绕绵上山的土地封给了介子推,称之为"介山",

并说道："记吾过，且旌善人。"

人生箴言

诚者，天之道也；诚之者，人之道也。

——《礼记·中庸》。

成长启示

诚，是天道；对别人讲诚信，是做人之道。

董狐书法不隐

董狐，春秋时期晋国史官。周人辛有的后裔，世袭太史之职。亦称史狐。

春秋时期的晋国有位在历史上有名的昏君，这就是晋灵公。他在位时，不但搜刮民财，乱收赋税，还时常站在城楼上，用弹弓射街上来往的行人取乐。有一次，厨师为他炖熊掌没炖烂，他竟然一怒之下把厨师给杀了。

晋国的一位大臣赵盾，看到晋灵公这样残忍昏庸，眼看着晋国就要毁在他的手里，就劝说他。晋灵公不但不听，反而在心里算计着一定要杀掉赵盾，除掉这个让他不高兴的人。

一天，晋灵公请赵盾喝酒。吃饭的时候，早已埋伏好的十几个士兵突然冲上来把赵盾包围起来，要杀害他。幸亏赵盾武艺高强，又有个他曾经周济过的人的帮助，才逃了出来。

后来，赵盾的一个族弟找了个机会把晋灵公杀了，为赵盾报了仇。并且立了新的国君，重新把在外避难的赵盾接回来，官复原职。

那时候，君主再昏庸也是不能杀的，臣下杀君主是不忠不义的表现。无论如何谁也不想承担杀君的罪名，于是赵盾就想看一看，史官是如何记录这件事的。

一天下午，赵盾来到当时负责编写晋国国史的太史官董狐那里。他看了记录那段历史的竹简后，很生气地对董狐说："晋灵公死的时候我不在朝中，怎么能说是我杀的呢？你这样乱写，诬蔑朝廷命官，是要杀头的！”

董狐不慌不忙地说：“您是正卿，逃亡却不出国境，回朝之后又不讨伐国家的乱臣。说您不是这件事的主谋，谁会相信呢？”

赵盾一听，觉得也是这么回事，但他还是说：“还是修改一下吧，改了对大家都有好处。”

董狐严肃地说：“作为一个史官，最重要的就是诚实，黑就是黑，白就是白，来不得半点虚假，否则就是对后代人的欺骗。我的职责就是记录真实的历史，让我为了个人私利改写史书，是无论如何也做不到的。丢掉脑袋对于我而言是件小事，丢掉了作为一个史官应有的节操可是大事了。”

赵盾听了董狐的一番话，被他这种诚实的品德打动了，没再说什么就走了，并且以后也不曾为难董狐。

孔子听说了这件事，说：“董狐是古代的优秀史官，他的书法不隐瞒真情；赵盾是个贤能的大夫，他为了尊重国家的法度而身背恶名。可惜啊，逃亡时出了国境就可以避免了。”

人生箴言

源洁则流清，形端则影直。

——王勃《上刘右相书》。

成长启示

源头干净，水流就清澈；身形正，影子就直。

樊迟学礼信

樊迟(前551—?),一名须,字子迟,春秋末齐国人。孔子的学生。

鲁定公十四年(公元前496年)夏历八月二十七日,这一天是孔子五十六岁生日。由于孔子当时游历在卫国,住在卫国大夫蘧伯玉家里,他怕蘧伯玉为其庆寿,便大清早带领着弟子们到帝丘(当时卫国的国都)郊外一片树林去漫游。

在一棵老柏树下,孔子最欣赏的弟子颜回来到先生面前,恭恭敬敬地施了一个大礼,说:"请夫子上坐,受弟子们一拜!"接着搀扶孔子来到老柏树下早已摆好的小桌子旁。

孔子不解地问:"颜回啊,你要干什么?"颜回说:"今天是夫子的生日,弟子怎敢忘记!"说话间,弟子们已七手八脚地在孔子的面前摆出了酒肉和新鲜的寿桃,然后颜回和子路率领大家一起跪倒在地,向孔子磕头拜寿。

弟子们磕完了头,拜完了寿,众星捧月似的把孔子围了起来,或说,或笑,或敬酒,但草地上却还跪着两个人不肯起来,其中一个是子贡,另一个大家全都不认识。

原来子贡当时在卫国做官,卫灵公看中了他的辩才,便常派他出使各国,办理外交大事。子贡前不久出使鲁国,今天是为了给孔子庆寿而星夜赶回来的。

跪着的另一个青年叫樊迟,他一身农民打扮,憨厚朴实,少言寡语，见人还羞得满脸通红。这次子贡去鲁国，碰上樊迟在到处拜师求学。子贡见他虽然十分腼腆，但却是聪明，便自作主张地领回来拜师。

孔子知道这些以后，忙将樊迟扶起，问道："樊迟啊，你想学习什么本领？"樊迟低声说："我想学习种植五谷杂粮。"孔子说："种植五谷杂粮，我还不如一个普通的老农。"

樊迟又说："那就向夫子学习种植蔬菜。"孔子说："种植蔬菜，我还不如专门种菜的菜农。""那……"樊迟茫然地盯着孔子，"那夫子能教授我什么样的学问呢？"

孔子耐心地说："樊迟啊，君子要有雄心大志。身居高位的人如果礼贤下士，老百姓没有不佩服他的；如果诚实守信，老百姓没有不诚恳地对待他的。身居高位的如果能做到知书达礼，诚实守信，那么四面八方的老百姓都会领着妻子儿女来投靠他的。"

樊迟连连点头说："那弟子就学习礼，学习信。"

临财毋苟得，临难毋苟免。

——《礼记·曲礼上》。

面对钱财与利益，不可以为了得到它而舍弃道义；面对灾难与危险，不可以苟且偷生而失去做人的气节。

季布一诺千金

季布，秦朝末年楚国人。此人性情耿直，乐于助人，最可贵的是他特别讲信用，凡是他许诺过别人的事，无论如何他都会想方设法办到，兑现承诺，从不食言，哪怕是赴汤蹈火，也在所不辞。

对于季布义侠诚信的品行，人们莫不交口称赞。后人常用“一诺千金”说明诺言的重要，并表示对别人诺言的尊重和信任。当时在楚地就流传着这样一句话：“得黄金百斤，不如得季布一诺。”意思是说，如果能得到季布的一句应诺，比得到什么都宝贵。

楚汉战争时，季布和他的舅舅丁公都是楚军将领。季布骁勇善战，曾多次奉西楚霸王项羽的命令围困汉军，迫使汉王刘邦一退再退，险些儿丢了性命。及至项羽乌江自刎以后，其舅舅丁公归附了刘邦，季布不愿投降，不得不落荒而逃。

刘邦在楚汉战争中获胜，建立了汉王朝，当上了皇帝，这就是汉高祖。刘邦对季布恨之入骨，于是发出诏令，以千两黄金为赏捉拿季布。诏令中还写道：“谁要胆敢窝藏季布，不但本人格杀勿论，还要罪及三族，满门抄斩。”季布只得东躲西藏，四处逃命。

俗话说：“善有善报，恶有恶报。”季布平生取信于人，做了那么多侠义的事，在他危难之际，也就不可能会没有人救他。这是天理，也是人情。

一天，季布躲到了濮阳（今属河南）一周姓人家中。周氏知道他是季布，就对他诚恳地说：“汉朝捉拿将军，马上就要搜查到我家。不是我不愿藏匿将军,实在是形势急迫,不便藏匿。将军如果愿意听我之言,我就斗胆献上一计;如果不愿听,我情愿先行自杀,以报答将军的恩德!”

季布没有别的办法,只好答应听他的。周氏便让季布剃掉头发,带上颈箍,穿上粗布衣服,打扮成奴隶。然后把他装在柳条车中,送到原来的鲁国,改名换姓,卖给了一位叫朱家的义士。

朱家心知他是季布,有心要保护他。买下后便让他去管理田园,又嘱咐儿子道:“田园的事就让他做主,吃饭时要和他同桌。他曾经有恩于我,你要好好待他!”然后,自己则采办了些礼物,轻车快马赶到洛阳,求见汝阴侯滕公。

滕公留他住在家中,喝了几天酒。席间,他向滕公问道:“季布犯了什么大罪,陛下这么急于抓他?”滕公答道:“季布曾助项羽多次围困陛下,差点要了陛下的命。所以陛下非常恼恨他,非要抓到他不可。”朱家又问道:“您看季布这个人怎么样?”滕公道:“这谁人不知,他不仅是个有名的诚信之士,而且是个不可多得的人才!”

朱家见滕公如此说,就趁机劝他为季布说情。于是说道:“人臣各为其主,季布为项羽效力,不过是尽他的职责。当过项羽下属的,难道可以斩尽杀绝吗?如今陛下刚得天下,正是用人之时,却偏偏因为个人的一点恩怨追杀一个人,这在天下人面前显得何等小肚鸡肠啊!况且,季布这样的人才,如果苦苦追逼下去,那他不是北投胡人,就是南奔越地。记恨壮士而导致资助敌国,这不是造成伍子胥掘楚平王墓而鞭尸的原因吗?您何不找个机会把这些道理奏明陛下呢?”

汝阴侯滕公知道朱家颇有侠肝义肠,现在又听他这么说,就知道季布可能藏在他家里。于是便答应为季布说情。

过了不久，滕公借故去面见汉高祖刘邦，并说道："皇上刚得天下，正是用人之时，却因个人的私怨下令捉拿季布，这恐怕不是高明之举。况且季布是个侠义之士，国人皆知'得黄金百斤，不如得季布一诺'，因而天下的人都敬重他，朋友更是愿意以死去保护他。如今皇上追捕得紧，说不定他已经北走匈奴或南逃越国了。皇上何不赦免季布，使天下皆知皇上珍爱贤才呢？"

滕公的这一席话，说得汉高祖刘邦频频点头。于是，他特赦季布，并召见季布，封季布为郎中。

人生箴言

穷则独善其身，达则兼善天下。

——《孟子·尽心上》。

成长启示

失意的时候，就加强自身的修养；得志的时候，就应该让天下人一起好起来。

汉武帝赠图托孤

霍光(? ~前68年),字子孟,河东平阳(今山西临汾西南)人。西汉大臣,是骠骑大将军霍去病的异母弟弟。武帝时为奉车都尉,昭帝年幼即位,他受武帝遗诏辅政,任大司马大将军,封博陆侯。

霍光的父亲叫霍仲儒,他当年在河东郡平阳县县衙里做小官时,曾被派到平阳侯家里临时当差,与平阳侯家的侍女卫少儿私通,生了霍去病。霍仲儒在平阳侯家里服役期满回家后,娶妻生下霍光,便和卫少儿断绝来往,不通音信了。

过了很久,卫少儿的妹妹卫子夫得到武帝的宠爱,被立为皇后。霍去病因为是皇后姐姐的儿子,也很受宠爱。他成年之后,才知道自己的父亲是霍仲儒。霍去病还没有来得及去寻访探问,正巧就被任命为骠骑将军出征匈奴,路过河东郡。河东太守亲自到郡界上迎接,替霍去病背着弓和箭在前面引路。

到了平阳后,霍去病便派属官去接霍仲儒。霍仲儒不敢怠慢,小跑着前来拜见,霍去病急忙迎上去回拜,跪下说道:“去病没能早知道自己是大人的骨肉啊!”霍仲儒伏在地上连连叩头,并说道:“我这个老头子能把后半生托付给将军,这是老天爷的力量啊!”霍去病为父亲购置了许多田产、房屋及奴婢,然后就离去了。

霍去病出征匈奴回来,又从平阳经过,就带了霍光到长安。霍光这时才十几岁,武帝任命他为郎官,后慢慢地升为侍中,负责掌管尚书下设各部的事务。霍去病去世后,霍光做了奉车都尉兼光禄大夫,武帝出行时他侍奉车辇,回宫后就在身边侍奉,出入宫廷二十多年,小心谨慎,从无差错,深得武帝的信任。

征和二年(公元前91年),太子刘据受江充诬陷被迫自杀,燕王刘旦、广陵王刘胥都有很多过失,不能继承皇位。这时武帝已经老了,宠姬钩弋夫人赵婕妤有个儿子,武帝心里想立他为继承人,让一位大臣辅助他。武帝遍察众臣,认为只有霍光能担此重任,可以将国家托付给他。于是,武帝就命令画师画了一幅周公背着成王接受诸侯朝见的画赐给霍光。

后元二年(公元87年)春天,武帝到五柞宫游玩,病情突然加重。霍光流着眼泪问:"陛下如有不测,谁应是帝位的继承人呢?"武帝说道:"你没有明白我前次送你那幅画的用意吗?立我的小儿子,你就像周公那样辅助幼主。"于是,任命霍光为大司马大将军。第二天,武帝去世。随后,太子即位,这就是孝昭皇帝。昭帝这时年仅八岁,国家大事一概由霍光决定。

霍光身高七尺三寸,皮肤白净,眉目清秀,胡须很美。他为人忠厚信实,办事沉着精细,严谨不苟,每次进出殿门,停和走都有一定的方位。郎仆射暗中记下,每次都不差寸分。天下吏民都仰慕他的政治风度。霍光不负武帝之托,尽忠尽责地辅助昭帝。刚辅佐昭帝时,一切政令都由霍光亲自颁发。

霍光和左将军上官桀是儿女亲家,关系亲近。霍光的大女儿嫁给上官桀的儿子上官安,生了一个女儿,和昭帝年纪相近,上官桀就托昭帝的姐姐鄂邑公主把自己的孙女纳入后宫为婕妤,几个月后就立为皇后。上官桀因此做了骠骑将军,封为桑乐侯。每逢霍光休假出宫,上官桀就代他处理政事。

上官桀父子得到高官厚爵,很感激鄂邑公主的恩德。公主的私生活不检点,宠爱丁外人,并为其求取封爵,希望按照娶公主为妻者封为列侯的国家旧例,也封丁外人为列侯,霍光不同意。公主又请求任命丁外人为光禄大夫,想让他有更多的机会得到召见,霍光又没有允许。鄂邑公主因此对霍光非常不满。上官桀父子也因一再为丁外人求封不成而感到脸上无光。

本来在武帝时,上官桀已经做到九卿的要职,地位比霍光高。到后来,父子两人都做了将军,宫中又有皇后可以借重——皇后是上官桀的亲孙女、上官安的亲女儿,霍光只不过是她的外祖父,反而独揽了朝政。因此上官桀心里很不服气,便与霍光开始争权。

燕王刘旦自觉是昭帝的哥哥,却未能继承皇位,常常心怀怨恨。还有御史大夫桑弘羊因为创立了酒类专卖、盐铁国营的制度,为国家开辟了财源,夸耀自己有功,想为子弟谋求官职没能如愿,也怨恨霍光。

于是,鄂邑公主、上官桀父子及桑弘羊与燕王刘旦串通,就以燕王的名义给昭帝上一奏章,说:"霍光出外总领郎官演习时,沿途超越本分地下令戒严,并预先派皇上的膳食官到目的地为他准备饮食。"还说:"霍光持权营私,把自己府上没有什么功劳的人都封了官。最近又擅自选调增加大将军府的校尉。他专断朝政,为所欲为,必有阴谋。我刘旦愿意交还封国的玉玺,回京到宫中侍卫,以监视奸臣的行迹。"

上官桀等到霍光出宫休假的日子,就把奏章呈奏上去,并打算趁机将奏章发给主管官员审理。那时,桑弘羊则同其他大臣把这作为把柄,想以此迫使霍光辞职。不料奏章呈上后,昭帝不批。这使他们没有了主意。

第二天，霍光知道了此事，就停留在西阁画室里不去上殿。昭帝问："大将军在哪里？"左将军上官桀回答道："因为燕王告发了他的罪行，所以他不敢上殿了！"昭帝心知肚明。于是下诏宣大将军霍光上殿。

霍光进来，脱下帽子叩头谢罪。昭帝说："请将军戴上帽子，我知道，这封奏书是假的，将军没有罪。"霍光问："陛下怎知是假？"昭帝说："将军去广明总领郎官演习，是最近的事，我知道。至于选调校尉一事，又能说明什么问题呢？因为即使将军要作乱，也不需要增加校尉啊！"当时昭帝才十四岁，在场的尚书和左右朝臣都敬佩他见事英明。

后来上官桀的同党又有进言毁谤霍光的，昭帝就发怒说："大将军是忠臣，是先帝特意嘱托辅佐我的人。他忠心耿耿，天地可鉴。再有敢说大将军坏话的就治罪。"

从此，上官桀等人不敢再说什么，就谋划让鄂邑公主出面宴请霍光，埋下伏兵杀他，就此废掉昭帝，迎接燕王回京为帝。不料这个阴谋被发觉，霍光在昭帝的支持下杀了上官桀父子、桑弘羊、丁外人等，燕王刘旦、鄂邑公主也都自杀了。

霍光忠心耿耿辅佐昭帝，昭帝始终将政事委托给霍光，直到霍光去世，共十三年，百姓富裕，社会安定，四方外族都归附汉朝，俯首称臣。

人生箴言

诚者，真实无妄之谓。

——朱熹《四书章句集注·中庸章句》。

成长启示

所谓诚信，就是真实无虚假的意思。

孔僖上书自讼

孔僖，字仲和，东汉时期鲁国（郡国名，治所在鲁县，即今山东曲阜）人，曾任兰台令史（掌管章奏及印工文书）。

汉章帝时，孔僖与涿郡（治所在涿县，即今河北涿县）人崔駰（博学多才，擅长写文章，当时与《汉书》的作者班固齐名）同在太学学习。有一次，他们二人一起谈论孝武皇帝（即汉武帝），说孝武皇帝刘彻开始做天子时，尊崇信仰圣人的治道，五六年间，声誉超过了汉文帝刘恒、汉景帝刘启，后来他放任自己，忘了自己以前的优点。

不想这些话被邻屋的一个名叫梁郁的学生听到了。梁郁上书皇帝，汇报“崔駰、孔僖二人诽谤先代皇帝，讥讽当今皇上”。汉章帝知道这件事后，就下交主管部门查办。崔駰去见官吏接受讯问。孔僖则上书为自己辩护。

孔僖写道：“一般所谓诽谤，就是说实际没有这事而凭空污蔑他人。至于像孝武皇帝，他政绩的好坏，明确地记载在汉史上，清楚如同日月。我们的那种谈论，是直说史书上的事实，不是凭虚诽谤。当皇帝的，做好事做坏事，天下人没有不知道的，这都是有来由的，所以是不能够责备别人的。

“再说陛下您做皇帝以来，政教方面没有什么过失，对人民有恩惠，这是天下的人都知道的事，小臣我们偏要讥讽什么呢？假使我们批评的是实际情况，那么本就应该诚心改正。倘若说得不妥当,也应该包涵宽容,又有什么罪呢?

“陛下您不推寻根本大计,自己做个深远的打算,竟纵容个人憎恶来大快自己的心意。我们被杀,死就死吧;可是天下的人一定会转移视线,改变想法,从我们这个事件中,窥测到了陛下您的心思,从今以后,假如见到有什么不对的事,再也没有人去说了。

“陛下应该听说过,春秋时代,齐桓公俘获了管仲,听说他有治国大才,便盛礼相待。谈话间,齐桓公指出襄公在世时,筑高台,好狩猎,贪女色,侮贤士,国政搞得很糟,问以后应该怎么办。管仲接着提出了一套治国的办法。此后,齐桓公就依照管仲提出的办法来治理国家,群臣也都能够为国尽心尽力。现在陛下您居然打算为距今十代之远的武帝隐晦事实,难道不是跟齐桓公的做法相反吗?

“这一次,我恐怕会被主管官员一下子给定成罪状,被屈含冤,不能自己申诉;假使后代评论者据此擅自将陛下您比做什么样的君主,又怎么可以再让您的子孙皇帝来掩盖事实呢?我小心郑重地来到皇宫门前,恭敬地等候严厉的处罚。”

章帝看了孔僖上奏的书章以后,立刻下令不许追究,并任命孔僖为兰台令史。

人生箴言

与人交,开心见诚。

——胡宏《胡宏集·赵监庙墓表》。

成长启示

与他人交往，要敞开心扉，坦诚相见。

曹操割发代首

曹操(155－220年)，字孟德，一名吉利，小字阿瞒。沛国谯(今安徽亳州)人。东汉末期的政治家、军事家、诗人。

曹操生逢乱世，深知在平定战乱、消除割据的战争中，建立一支纪律严明、战斗力强的军队是至关重要的。为了建立这样的一支军队，曹操耗费了大量的心血，其中所采取的最重要的措施，就是依法治军。

建安三年(198)，曹操留下荀彧及程昱这对最佳搭档驻守许都，自己带领荀攸、郭嘉、曹仁、曹洪、于禁、吕虔等浩浩荡荡出发，再次亲临清水东岸，三征张绣。一路上，麦子已经成熟。因听到军队路过，百姓们吓得四处逃散，没有人敢留下来收成。

曹操有感于东汉末年以来战祸连连，军纪太坏，平民百姓受苦最重，每当听说军队要来，无不魂飞魄散，逃之夭夭，因此向各军下达命令："吾等奉天子明诏，出兵讨伐叛逆，为民除害。方今麦熟之时，不得已而起兵，大小官兵，凡过麦田，但有践踏者，并皆斩首。军法甚严，尔民勿得惊疑。"

官兵闻知，经过麦田时，无不小心翼翼，下马以手扶麦，递相传送而过。偏偏只有下此命令的曹操，轻松自如地骑在马上，欣赏着随风起伏的金黄色麦田，洋洋得意地暗自评估着发出此命令的政治意义和实际效果。他怎么也没有想到，正在这时，麦田里突然飞出一只斑鸠，把他的坐骑吓了一跳，窜入麦田中，践踏了一大片待收的麦子。

曹操情急之下，立即把主簿请来，问自己该当何罪。主簿很为难地表示："军令怎可用在丞相(当时曹操已由献帝授予丞相之职)身上呢？况且，您的马践踏了麦田，是马受惊所致，而非丞相故意为之。因而就不必计较了。"

曹操听了，却十分严肃地说："我自己制定法令却又自己去违犯，这样如何能让别人心服呢？我又怎么去统率部下呢？"说完，便拔剑出鞘，做出一副准备自杀的架势。郭嘉见此情景，立刻上前阻拦，并说道："古者春秋之义，法不加于尊；丞相统领大军，怎可自戕?!"

曹操想了很久，一脸严肃地说："既然春秋有义，法不加于尊；我又是一军主帅，不能自戕；但为了严肃法纪，就让我自己处罚一下自己吧！"说完，举起宝剑将自己的头发割下来，交给主簿，并传示三军："丞相坐骑践麦，本当斩首，因军不可无帅，今且割发以代。"于是全军纪律大整。

将自己的头发割下来掷在地上，表示自己受了髡刑。髡刑是古代剃去头发的一种刑罚。曹操的割发，既表示受了髡刑，又有以发代首的意思。这虽然有些玩弄权术的意味，但其用意还在于维护法令的严肃性。

人生箴言

信不由衷，质无益也。

——《左传·隐公三年》。

成长启示

如果诚信不是发自内心，而是装出来的，那么就算有人作质押担保也是没有用的。

曹操不违生死约

东汉末期的政治家、军事家曹操，虽以奸诈闻名，但他同样又有着守信的一面。他善待陈宫家人的事就很能说明这一点。

建安三年(198)，曹操率兵东征吕布，克彭城，围下邳。吕布为争取主动，多次带兵出城冲杀，都被打得大败。几个回合下来，锐气丧失，只好据城固守，再也不敢出战了。

下邳城防坚固，一时不易攻下。曹操于是改变了策略，给吕布写去一封信，讲明利害关系，示意要他投降。吕布看了信，打算投降，而陈宫等人自在兖州叛迎吕布以来，一直与曹操为敌，自觉罪孽深重，不会为曹操所容，因而竭力反对投降。

无奈之下，陈宫想出一个拒敌之计，即对吕布说："曹操远来，军粮补给肯定会有困难，其攻势不可能维持很久。将军可带一部分兵力到城外驻扎，我带其余的兵力在城内防守，这样，如果敌人进攻将军，我就可以从背后去进攻敌人；如果敌人来攻城，将军又可以从城外接应。不出十天，敌军粮尽，我们乘机进攻，肯定可以大获全胜。"

吕布准备采纳陈宫的意见。可就在这时，吕布的妻子出来阻挠，对吕布说："陈宫、高顺素来不和，将军一走，他们肯定不会同心共守，如果万一有个差错，将军自己将如何立足呢？更何况过去曹操待陈宫就像亲骨肉一般，他还要离开曹操来投奔我们，而现在将军待他并没有超过曹操，你却要把城池和妻儿都交给他，自己孤军远出,如果万一发生变故,我还能再做将军的妻子吗?”吕布听妻子这么一说,犹豫了一阵,终于改变了主意。

曹操因下邳久攻不下,士卒极度疲劳,不由得动了撤军的念头。荀攸、郭嘉劝阻说:“吕布勇而无谋,现在屡战屡败,锐气已经丧失。三军以将为主,主衰则会军无斗志。陈宫虽有智谋,但脑子来得慢。现在,我们应该趁吕布元气还没有恢复过来,陈宫的计谋也还没有使出的机会,加紧进攻,吕布是不难打败的。”

曹操听了,觉得有理,于是激励士气,继续攻城,并根据荀攸、郭嘉的建议,采取了新的攻城步骤。吕布又坚持了一个多月,越来越感到难以支持,于是登上城楼,向曹军士兵说:“你们不要再围城了,我去向明公自首。”陈宫站在一旁,气得高喊道:“逆贼曹操,算什么明公?现在去投降他,就好比以卵击石,哪还能保全性命!”

这时,吕布态度动摇,部下除陈宫、高顺决心与曹操对抗到底外,其余的也都彼此猜疑,上下离心,斗志丧失。部将侯成又因挨了吕布的骂而生气,于是同宋宪、魏续一起,乘陈宫、高顺不备,将他二人捆绑起来,押着出城投降了曹操。

吕布带着部分将士退守下邳南门的城楼白门楼。城外围攻甚急,吕布见大势已去,让左右把自己的头割下来献给曹操,左右不忍,于是便自己走下城楼,开城出降,束手就擒。

曹操召集文武官员来到白门楼上,当众处置吕布。吕布被压到楼上后,为了活命,与曹操周旋了一阵。当曹操听了刘备之言,杀吕布的决心已定,就再也不理吕布了,而转过头去问陈宫道:“公台平常自以为智计有余,今天怎么弄到了这个地步呢?”

陈宫用眼睛瞪着吕布说:“只因他不听我的话,以至弄到这个地步。如果他能按我的想法去做,是不会被你活捉的。”曹操又笑着问:“你看今天这事该怎么办呢?”陈宫平静地回答说:“我作为人臣却不忠,作为人子却不孝,理应奔赴刑场就死。”

曹操惋惜道:“你去死了,老母怎么办?”陈宫长叹了一声,然后说:“我听说打算以孝治天下的人,是不会害死他人的父母的。我老母是死是活,只能由你来定夺,已经不是我所能决定得了的!”

曹操又问:“那么,你的妻子、孩子该怎么办呢?”陈宫回答说:“我听说打算施仁政于天下的人,是不会加害别人的妻子儿女,杀绝别人的后代的。我的妻子和孩子是死是活,同样也只能由你来定夺!”

曹操听了,不再说话。过了一会儿,陈宫要求道:“请把我拉出去处死,以彰明军法!”说完自己就往外走,军士怎么也阻拦不住。曹操见了,无计可施,只是流着眼泪在后面送行,陈宫这时却连头也不回一下。曹操遂下令将吕布、高顺同时推出,一起缢杀。

曹操为人,有时很残忍,有时又颇具人情味。因爱将才,差一点让吕布活了下来;因爱人才,同时也因爱那种不屈不挠、视死如归的骨气,特别是曹操还十分顾念他在十分困难的情况下陈宫迎他为兖州牧那段旧情,陈宫是完全有可能活下来的。

陈宫自己要求去死,表现了一种士大夫临危不惧、慷慨赴死的气概。当初他自己投入了曹操营垒,后又从曹操营垒中反叛出来,现在不愿意再回到曹操营垒中去,这既有保全自身名节的考虑,也有不愿再与曹操合作的原因。

曹操缢杀吕布等人后,将其首级送到许都示众,然后将其埋葬。他没有忘记陈宫的临终之言,特地将其老母迎来奉养,直到去世。其女儿长大后，又为她操办了出嫁事宜。曹操对其家人的关心、照顾，比当初陈宫在世时还要周到。

人生箴言

我无尔诈，尔无我虞。

——《左传·宣公十五年》。

成长启示

我不欺骗你，你也不要欺骗我。

第四章 坚守正直诚信

诚信，自古以来就是中国乃至整个人类所公认的一种美德。说到诚信，也许每个人都会说，诚信很容易，但是真正在关键时刻，又有几个人能保持诚信呢？虽然“诚信”二字只是很简单，但要做到就要我们用心去实现了。

有时候，很多人都会讲求诚信，但是涉及到了切身的利益时，他们常常会把自己拥有的诚信抛到九霄云外，用虚伪来包装自己。这时他们犹如一份无价值的礼物，虚伪是礼物装饰的包装纸，而里面的并不是什么有价值、有意义的礼物，这只是一张白纸。

我们常说“精诚所致，金石为开”这是讲诚信的巨大作用，其实，正直与真理血脉相连，它是生于真理树上的一朵蓓蕾；正直与正义骨肉相亲，它是出自正义源头的一股清泉。

于是，这样的人就有了一身正气，即使霹雳轰顶而色不改；就有了一腔豪情，即使狂沙扑面而眼不迷；就有了一颗赤胆，即使万箭穿胸而志不移。动乱岁月，去留肝胆两昆仑，凛凛的雄风在血火中长啸;和平年代,富贵于我如浮云,浩浩的英气使天下同钦。

屈原正道直行,自沉汨罗,一篇《离骚》震撼天地,万古留芳;司马迁刚正不阿,秉笔直书,一部《史记》彪炳史坛,成为绝唱;林则徐宁折不辱,虎门销烟,一炬烈焰照耀神州,惊破敌胆;是啊,多少仁人志士挺起正直的脊梁,撑起了华夏一片明净的蓝天。他们都是举世闻名的名人,在他们身上,同样能够找到诚信之处,正直诚信,也成为了他们成功创业的不可缺少的一部分。

坚持正直诚信是为人之本。它以高尚的心为基础,以责任感道德为前提,不诚信也许可以欺骗一时,但长期下去,丑陋的面目定会暴露出来,而且从此就会失去人们的信任,实在有点得不偿失,更是自欺欺人。正直诚信是我们做人最基本的条件,现在很多国家都为每个公民设立诚信档案,人生短暂,岁月无情,让我们以正直诚信来救赎生命。

一个真正聪明的人,一个真正了解自我、认识自我命运的人,在知道眼前无路可走时,在认识到自己所选择、从事的事业难以成功时,应当学会退却,应当学会改弦易辙,应当学会迂回前进,这才不失为明智之举。

——读书札记

陶侃饮酒限三杯

陶侃(259－334),字士行,东晋庐江浔阳(今江西九江)人。初为县吏,渐升至郡守,历任荆州刺史、广州刺史、征西大将军等职,后任荆、江二州刺史,都督八州诸军事。

有一次,陶侃在武昌宴请殷浩、庾翼等几个名士。席间,吟诗作赋,讲谈学问,好不高兴。

大家喝过两杯酒之后,殷浩举杯说道:“将军,您最近平定了郭默的叛乱,立下了大功,请让我敬您一杯!”

陶侃想了一想,痛快地说:“谢谢,喝!”说着,便端起酒杯,将杯中之酒一饮而尽。

接着,庾翼也举起杯来,说道:“将军,若论战功,您上次平定苏峻的叛乱,功劳更大,请让我也敬您一杯!”

苏峻是何许人也?庾翼所说的平定苏峻的叛乱是怎么回事呢?

苏峻本来也是东晋的一位将军,因为不满晋成帝顾命大臣庾亮削减他的兵权,就带兵造反,攻下了朝廷所在的建康“台城”,将年纪尚幼的皇帝挟持到军事重地石头城。

当此之时,陶侃指挥六万大军,从武昌城浩浩荡荡沿江而下,包围了石头城,擒杀了苏峻,解救了晋成帝。

按说,当庾翼敬酒时,陶侃应该高高兴兴地饮下这杯酒才是。不料,陶侃却抱拳作揖,诚恳地说:“先生,对不起,我今天饮酒已经足量了,不能再饮了!”

见此情景,庾翼不悦,殷浩便附和着说:“将军,今天大家高兴,您应该开怀畅饮!我看得出您有海量!”

想不到这时陶侃却泪流满面,哽咽着说:“实在对不起!不瞒二位先生,家母生前曾给我规定:每次饮酒,三杯为限。今天杯数已足,我不能违背先母的禁约!”接着,他回忆了青年时代的一段往事。

陶侃的父亲陶丹本是三国时孙吴的名将,但很早就去世了。陶侃全靠母亲纺纱织布抚养长大,后来当上了浔阳县城一名小小的“鱼梁吏”。

陶侃的母亲对陶侃的要求非常严。有一次,陶侃托人捎几条咸鱼回家,想让老人家高兴高兴。不料陶母将鱼原封不动地退了回来,还附了一封口气严厉的信,说:“你现在才当上了个小官,就拿公家的东西回家,真叫我愁死了!”

还有一次,浔阳县衙举行宴会,陶侃喝得酩酊大醉。酒醒后,母亲一边垂泪,一边责备他说:“饮酒无度,怎能指望你刻苦自励,为国家建功立业呢?”陶侃羞愧难当。母亲要求他保证:从此严于律己,饮酒不过三杯。

陶侃讲完往事,又接着说道:“苏峻、郭默之乱虽然已经平定,但是中国尚未统一,男儿报效国家的路还很长,我怎能违背先母的遗训呢?”

殷浩、庾翼听完,肃然起敬地说:“将军,虽然老夫人仙逝多年了,而您信守遗训,不减当初,这种美德一定会同功业一起,永留青史!”

人生箴言

志不强者智不达，言不信者行不果。

——《墨子·修身》。

成长启示

意志不坚强的人，智慧就得不到发挥；说话不守信用的人，做事也不会有结果。

孙伏伽诚言直谏

从唐高祖时起，孙伏伽就是一名忠信大臣。

一天，唐太宗又要去打猎。他领着几个侍卫，背弓插箭，带着猎鹰和猎犬，正要出发，这时治书御史孙伏伽匆匆赶来，一把拉住马缰绳说："陛下打猎，游戏林中，骑马射箭，没有必要的保护措施是很危险的。一旦有个三长两短，谁来主持政务？劝陛下为了国家百姓，不要贪图一时痛快，任着性子干这种无益的营生。"

正在兴头上的唐太宗好像被人当头泼了一盆冷水，又扫兴又尴尬，真是气不打一处来。但是他又不想破坏大唐朝虚心纳谏的传统，于是就耐着性子说："我又不贪恋女色，只喜好打猎，今日闲着无事，想出去走走。再说我打猎都绕着村庄，从不惊扰百姓，另外侍卫也带了十来个，你还有什么不放心的？"

唐太宗说完就要登鞍上马，并向随从挥挥手，准备出发。哪料到，孙伏伽把马缰绳绕在腰间，跪在马前说："陛下今天出门，就请从老臣身上踏过去，我愿意用死换取皇上对诚实忠告的采纳。"

唐太宗大怒，说："我本来认为你是一个诚信勇敢的人，能够以诚言进谏，不好损你颜面；哪知你却不知好歹，目无高低，限制起我的行动来了。我连这点儿事都做不了主，还当什么皇帝？来人，把他给我拖出去斩了！"

几个高大强壮的武士闻声而来，把文弱的孙伏伽像抓小鸡一样抓在手里。孙伏伽面无惧色地说："夏朝的关龙逢因直言进谏而被杀，我情愿和他在九泉之下相见，也不愿意再侍奉您了。”

这时，唐太宗笑了，说：“我不过是试一试你的胆量，你还真是一个诚信有勇的君子，有你真是大唐王朝的福分啊！好，那朕今天就不出去了。听说你棋艺很高，朕要和你下一盘，享受一下和高手下棋的快乐。”

不久，唐太宗封孙伏伽为谏议大夫。

人生箴言

诚则信矣，信则诚矣。

——程颢、程颐《二程集·河南程氏遗书》卷二十五。

成长启示

诚就是讲信用，信就是诚恳、真实。

唐太宗不隐真相

唐太宗(599－649),即李世民,陕西武功人,李渊次子。隋末劝其父起兵反隋,李渊称帝时封为秦王,任尚书令。武德九年(626)他发动玄武门之变,得为太子,承继帝位。

一天散朝后,唐太宗李世民和宰相房玄龄在闲谈。他们正说着别的什么事,唐太宗忽然问道:"自古以来,国史为什么都不让本朝的君主看呢?"

房玄龄回答说:"因为一个正直尽责的史官总是如实地记下君主的功过得失。本朝的君主如果看到国史中记着自己的过失,很容易恼羞成怒,惩办史官,国史就很难撰写了。"

唐太宗不以为然地说:"有什么写什么,这又没有做错,怎么会得罪君主呢?你去把国史拿来给我看看,朕正想知道自己以前都有哪些错误,好拿来作为鉴戒呢!"

房玄龄这下可犯愁了。国史是由他负责监督撰写的,他清清楚楚地知道里面记载着玄武门之变。当时,李世民为了争夺皇位,杀死了兄弟李建成和李元吉。如果让唐太宗看到这一段记录,他能不生气吗?

因此,房玄龄心里非常不安。但是皇上已经下令了,又不能抗旨不遵。没有办法,房玄龄只好硬着头皮、提心吊胆地把国史拿给唐太宗看。

唐太宗把国史仔仔细细地看了一遍后,对房玄龄说:"其他都还好，只有玄武门之变这件事没有写清楚……”

房玄龄一听，暗暗着急，心想这下真的糟了，看来皇上果然对此不满意。他正琢磨着该怎么回答，忽然听唐太宗又吩咐道：“来人，去把史官叫来！”

房玄龄越发着急了。他正想为史官辩解，唐太宗已接着原先的话题说了下去：“撰写国史是为了记录历史，给后人以借鉴，所以一丝一毫也含糊不得，不能因为怕得罪皇上就对真相有所隐瞒。朕要把当时的情形详细地给他们讲一讲，好让他们把遗漏的地方补上。”

房玄龄没有想到唐太宗会说出这样一番话来，真是又惊又喜。他由衷地说道：“陛下真是心胸宽广，臣深感佩服！”

唐太宗认真地说：“诛杀李建成和李元吉，也是迫不得已，这是关系国家安定的大事，没有必要隐瞒。写历史就要告诉后人真实的情况，这样才能够使人们从中吸取教训。朕是一国之君，更要做出表率。朕有责任将历史的真相告知后人。”

唐太宗的诚实赢得了满朝文武的尊敬。以后再有什么事，大臣们都敢于直言，朝廷上下逐渐形成了一种良好风气，从而才有了历史上的“贞观之治”。

人生箴言

人不信我，非特人之不信，己之不信可知矣。

——王灵《心斋语录·勉仁方》。

成长启示

别人不信任我，不仅仅表明了别人的不信任，而是由此说明了自身的不可信啊！

李勉诚信葬银

李勉是唐朝人，从小喜欢读书，并且注意按照书上的要求去做。

有一次，他出外学习，住在一家旅馆里。正好遇到一个准备进京赶考的书生，也住在那里。两人一见如故，于是经常在一起谈古论今，讨论学问，遂成了好朋友。

有一天，这位书生突然生病，卧床不起。李勉忙为他请来郎中，并且按照郎中的吩咐帮他煎药，照看着他按时服药。一连好多天，李勉都细心照顾着这位朋友。

可是，那位书生的病不但没有好转，反而一天天地恶化了。看着日渐虚弱的朋友，李勉非常着急，经常到附近的百姓家里寻找民间药方，并且常常一个人跑到山上去挖药店里买不到的草药。

一天傍晚，李勉挖药回来，先到朋友的房间，看见书生气色似乎好了一些。他心中一阵欢喜，关切地凑到床前问："大哥，感觉可好一些？"

书生说:“我想,我剩下的时间不多了,临终前兄弟还有一事相求。”李勉连忙安慰道:“哥哥别胡思乱想,今天你的气色不是好多了吗?只要静心休养,不久就会好的。哥哥不必客气,有事请讲。”

书生说:“请你把我床下的小木箱拿出来,帮我打开。”李勉按照他吩咐,拿出并打开了他的小木箱。

书生指着里面的一个包袱说:“这些日子,多亏你无微不至的照顾。这是一百两银子,本来是赶考用的盘缠,现在用不着了。我死后,麻烦你用部分银子替我买口棺材,将我安葬,其余的都奉送给你,算我的一点心意,请兄弟千万要收下,不然的话兄弟到九泉之下也不会安宁的。”李勉为了使书生安心,只好答应了他。

第二天清晨,书生真的去世了。李勉遵照他的遗愿,买来棺材,精心为他料理后事。剩下了许多银子,李勉一点也没有动用,而是仔细包好,悄悄地埋在棺木下面。

不久,书生的家属接到李勉报丧的书信后赶到客栈。他们移出棺木后,发现了银子,都很吃惊。了解到银子的来历后,大家都为李勉的诚实守信不贪财的高尚品行所感动。

后来李勉在朝廷做了大官,他仍然廉洁自律,诚实守信,深受百姓的爱戴,在文武百官中也是德高望重。

人生箴言

或问信,曰:“不食其言。”

——扬雄《法言·重黎》。

成长启示

有人问什么是“信用”?,回答说:“不违背自己的诺言。”

郭震的“礼物”

唐中宗神龙二年(706)的冬天,安西大都护郭震准备去拜访西突厥的可汗乌质勒。这次会见是郭震第一次以朝廷封疆大吏的身份与可汗见面,因此具有特殊的意义。郭震准备送给可汗一份厚礼,让对方感受到自己的诚意。

有人建议送贵重的金银珠宝,但郭震认为这样不妥。他解释说:“乌质勒贵为西突厥的首领,并不缺少这些东西。我们送多了,会让他误以为我们自恃富贵,瞧不起他;送少了,又会让他认为我们轻视他。”

商量来商量去,最后郭震想出了一个好主意。他说:“我们步行几百里路去他那里。乌质勒一向注重情义,我们这么不辞劳苦去拜访他,最能表达我们的诚意了。这样的‘礼物’不是比任何别的东西都珍贵吗?”

就这样,郭震安步当车,带领随从出发了。没走多远,原本晴朗的天突然变了颜色,紧接着,北风呼啸,鹅毛大雪纷纷扬扬地飘落下来。不一会儿,漫山遍野白茫茫的一片。

雪越下越大、越积越厚，狂风刮得人东倒西歪。郭震一行人顶着风雪，深一脚、浅一脚地艰难行进着。每前进一步，都要比平时多付出几倍的力气。这时有部下提议说："雪下得太大了，我们不如改日等天晴了再去吧。"

郭震断然否决说："不行！我们已经和可汗约定了时间，怎么可以因为一点困难就背信失约呢？如果连这么一件小事都不讲信义，又怎么能让对方相信我们呢？无论如何我们都要赶到那里！"于是，他们翻山越岭，咬紧牙关克服重重困难，终于在约定日子的傍晚时分到达了可汗的驻地。

乌质勒已经在帐篷外面等候多时了。看着漫天的大雪和越来越黑的天，他想郭震可能不会来了。这时，身边的人忽然喊道："可汗！您看，那边走来了几个人，会不会就是唐朝的使臣？"

乌质勒仔细望去，见那几个人走得很慢，看样子已经疲惫不堪。他想，肯定是唐朝使臣。于是，乌质勒急忙迎上前去。走到跟前，才发现他们一个个像雪人似的，眉毛、胡子上都结了冰。

郭震一边行礼，一边致歉说："可汗，让您久等了！雪太大，路上不好走，我们来晚了！"乌质勒连连摆手，激动地说："哪里话，今天你们能来，是我最大的荣耀。早就听说您讲信义，今日真是百闻不如一见！大唐有您这样的人才，是大唐之幸啊！我愿意和您这样的人交朋友。"

郭震的诚意深深地感动了可汗，换来了大唐和西突厥更加友好、亲密的关系。

人生箴言

君子所以感人者，其惟诚乎！欺人者，不旋踵人必知之；感人者，益久而人益信之。

——司马光《温国文正司马公文集》卷七十四。

成长启示

君子感召别人的地方，就在于他的诚恳真实啊。欺骗别人的人，一定很快就会被觉察；而能感动别人的人，和他相处得越久，别人就越相信他。

裴度还包裹

裴度(765－839),字中立,河东闻喜(今属山西)人。唐朝大臣,历任监察御史、御史中丞、宰相等职。这里讲的是他小时候的一个故事。

唐朝时,一天清晨,香山寺的大门打开了,一个和尚拿着扫帚走了出来,准备清扫地上的落叶。他一出门,就看见门外坐着一个十五六岁的男孩,怀里抱着一个包裹。

和尚认得这个男孩,因为他昨天就看到这个男孩在寺庙前坐了整整一天,怀里也是抱着那个包裹,说是在寺庙捡到的,要等失主来认领。于是便走过来问道:“咦,小施主,你这么早就来了?”

这男孩听到和尚在问他,但他没有吭声,只是点了点头,把包裹抱得更紧了些,眼睛向远方张望着。

“沙!沙!沙!”和尚扫着落叶,发出有节奏的声响。过了一阵子,和尚回头看了看,发现那个小男孩还是一动不动地坐在原地,专注地望着前方。

看着小男孩专注的神情,和尚忍不住又凑过来问道:“万一今天那失主还不来,你怎么办呢?”那男孩坚定地说:“那我就每天都来,一直等下去!”和尚感慨地说道:“小施主真是个至诚至善的人啊!”

就在这时,远处隐隐传来一阵车马声。不一会儿,一辆马车从山道上疾驰而来,一直冲到寺门前才猛地停住。只见一个面容憔悴、神色慌张的妇人从马车上跳下来，急急忙忙地朝寺门走来。

那小男孩一见到她，就立刻站起来迎了上去，惊喜地说："你可来了！"一边说一边把那个包裹递给了妇人。

那妇人见到包裹，眼睛一下就亮了，二话没说，连忙接过来把它打开。里面是两条镶满珍珠的玉带和一条犀牛皮带。

这时，妇人的手微微颤抖着，她抬起头，神情激动地说："就是它！就是它！我总算找到了……"说着，她"扑通"跪倒在地，对那小男孩说："恩人啊，您是我的恩人啊！"

原来，那妇人的父亲遭人陷害，被判了死罪。这些财物，是妇人一家四处求借来准备给父亲赎命用的。但是妇人昨天来香山寺为父亲祈祷时，竟把包裹放在旁边的栏杆上忘记拿走了。

当时那小男孩恰好就在旁边，见她把包裹丢下了就急忙拿起来去追赶她，可她已经走远了。没有办法，小男孩就在原处一直等到天黑，也没见妇人返回来。

寺里的和尚见小男孩等得辛苦，就好心地提出帮他保管包裹，但他却说："包裹是我捡到的，我就应该亲手交还给失主。"所以，今天一大早他就又到这里来等她了。

现在，小男孩被妇人的举动吓了一跳，赶紧上前把她搀扶起来。妇人从包裹里拿出其中的一条玉带，塞到小男孩的手里，说："这个包裹如果丢了，我父亲的命也就没了。您是我们全家的救命恩人，这是我的一点心意，请恩人一定收下！"

那小男孩坚决不肯接收，他连声说："快别这样！快别这样！这东西本来就是你的。物归原主，是我应该做的。"说完，一转身就跑了。夫人眼含热泪，感叹地说："老天保佑，让我遇到了一个好人啊！”

和尚在一旁目睹了整个过程，一直没有做声。这时，他才点点头，赞许地说道：“如此正直诚信之人，将来必成大事！”这个小男孩不是别人，就是后来成了唐朝的政治家、被人称为“中兴贤相”的裴度。

天下官吏不廉则曲法，曲法则害民。

——（宋）范仲淹《范文正公集·政府奏议》。

为官者不廉洁就会徇私枉法，徇私枉法就会坑害天下百姓。

崔枢诚信葬珠

唐顺宗时，有一个名叫崔枢的读书人去考取功名，曾经在谯郡（今安徽亳州）的一个客店里，与一个渡海经商的南洋商人住在一起。

那南洋商人漂洋过海、长途跋涉来到中国，一路颠簸，疲惫不堪，又不习惯中国的生活，在谯郡住下后，很快就病倒了，而且病情越来越重，以致卧床不起了。

崔枢是个热心人，不但没有因为此人有病就厌弃他，而是百般照顾，那南洋商人的病情却仍不见好转。他预感到自己可能将不久于人世，便对崔枢说："这些天来，承蒙您照顾我，不因为我是外国人、病人而厌弃我。如今我病成这个样子，回不了家，恐怕也难以治好了。我们民族重视土葬，如果我死了，您能不能为我买口棺材办办后事呢？"

崔枢见他病得这样重，又远离故土家人，心中也十分难过，便说："你尽管安心养病，万一有什么不测，我一定会按照你们民族的习俗来安葬你。"

那南洋商人感动得热泪盈眶，气喘吁吁地拉过崔枢的手说："您对我恩重如山，可我无以为报，只有一颗稀世宝珠，价值万贯，请允许我将它送给您作为报答吧！"说着便把一颗硕大的宝珠放在了崔枢的手中。

崔枢手捧着宝珠，对南洋商人说："我们相识是缘。你生了病，我照顾你,这是理所当然的。你千万不必太在意,更不要再说什么报答不报答的了。再者说,我是个穷书生,奔走于各州郡之间,居无定所,怎么能收藏这如此贵重的珠宝呢?!”

那南洋商人又说:“是的,我们能够相识,这是缘!您能如此这般地照顾我,我真的非常非常感激。这个不说了。不过,我现在已是将死之人了,家又远在海外,我留着这颗宝珠什么用也没有了,您就把它留下做个纪念吧!”话刚说完,南洋商人就咽气了。

南洋商人死后,崔枢按照他的嘱咐,买来了棺材,请人帮助装殓了他的尸体。崔枢趁别人不注意,把那颗宝珠也放进了棺材里。然后就把他抬到郊外埋了。

一年后,那南洋商人的妻子到谯郡来寻找丈夫,得知丈夫已死,便查问那颗宝珠的下落。她怀疑是崔秀才拿走了宝珠,于是就报了官府。官府便派人追捕崔枢。

官府的人找到了崔枢。崔枢对他们说:“那南洋商人确有一颗宝珠,他要送给我,但我并没有要。如果那南洋商人的坟墓没有被盗的话,那颗宝珠就应该还在棺材里。”官府立即派人开棺查看,宝珠果然在里面。

崔枢济人之困不求回报的事很快就传开了。地方长官认为崔枢品德高尚,节操过人,便想请他做幕僚,可是崔枢却坚决不愿意。第二年,崔枢科考及第,做了秘书监。在任期间,他一直为官清廉,深受人们的尊敬。

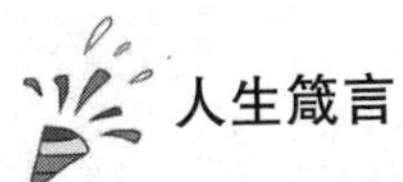

人生箴言

所谓诚其意者，毋自欺也。如恶恶臭，如好好色，此之谓自谦。

——《礼记·大学》。

成长启示

使意念真诚的意思是说，不要自己欺骗自己。要像厌恶腐臭的气味一样，要像喜爱美丽的女子一样，一切都发自内心。

李固言诚实为官

唐朝中期，科举考试中盛行推举的风气，没有门路很难被选中。当时有个书生叫李固言，出身低微，为人又忠厚老实，虽然自幼勤奋好学，很有才华，但是没有人举荐。

经人介绍，李固言拜访了一个地位比较低的官员，想请他推举一下。后来这位官员升了职，当了科举考试的主考官。他见李固言的文章不但文笔流畅，而且见解独到，就把李固言选为了状元。

李固言在朝廷做官后，仍然保持自己诚实耿直的本性，不像其他官员处事那么圆滑。他心里是怎么想的，嘴上就怎么说，从不做不诚实的事情。

一次，皇帝唐文宗让李固言宣读诏书，内容是让降职的官员王堪去做太子的宾客，辅佐太子。可是李固言手捧诏书，站立不动。皇帝觉得很奇怪，就问他："爱卿，你还有什么事吗？"

李固言思虑着说："臣，臣以为此事有些不妥。"皇帝听了很不高兴地说："有何不妥？这件事朕已经决定了，让你宣读你就宣读就是了！"

李固言仍然没有宣读诏书，并想如实地对皇帝说出自己的想法。他本来就有些口吃，一着急，不知怎样表达自己的意思才好。皇帝看李固言仍不肯宣读诏书，就生气地离开了朝堂。

李固言回去以后，写了一份奏折给皇上：太子乃未来的接班人，应该由有贤德的大臣陪伴，被降职的大臣不适合做太子宾客。

皇上看了,觉得有道理,就把王堪改任了。

还有一次,文宗皇帝召集群臣议事,他突然问文武百官:“朕听说有些州县的官员不称职,这事是真的吗?”

众大臣不知皇上心里想的是什么,又怕得罪人,虽然知道确实有些州县的官员不称职,但是没有人敢说。

这时,李固言站出来说:“启禀圣上,臣得知确有这种情况,而且邓州刺史李堪、隋州刺史郑襄尤其不称职。”

李堪是朝中大臣郑覃举荐的,他怕李堪的失职对自己不利,就马上站出来辩解:“微臣了解李堪的为人。再说管理那么多事情,有些疏忽是难免的。”

李固言还想说些什么,但是文宗皇帝把话题引开了,谈起别的事来。其实,皇上知道李固言是个诚实的人,不会胡说,是郑覃怕受责备才巧言狡辩。可是他怕朝臣之间闹矛盾,不利于国家,就没再追问下去。

但李固言的诚实却记在了皇帝的脑子里,不久太宗皇帝就提拔了李固言。后来,诚实的李固言又靠着自己的政绩连连高升,死后被追赠为太尉。

人生箴言

与朋友交,言而有信。

——《论语·学而》。

成长启示

同朋友交往，说话要诚实守信。

刘廷士娶盲女

刘廷士，北宋时期进士。刘廷士小时候，家里虽然不富裕，但是衣食不愁，还有些余钱供他上学读书。他也聪明伶俐，十几岁时就能写一些很好的诗文，而且品行也好，人们都喜欢他。

转眼刘廷士到了该娶亲的年龄。经媒人介绍，他和同村的一名姑娘订了婚约，但是刘家还没有给女方下聘礼。在订婚不久，刘廷士到京城参加科举考试，而且考中了进士。

由于他相貌出众，才华横溢，人品又端正，很多官员都想把女儿嫁给他，可是刘廷士都拒绝了。他总是对前来提亲的人说："非常感谢大人的厚爱，可我在家里已经订了婚，我不能私毁婚约。"

刘廷士回到家里，却听到一个意外的消息：那个和他订了婚的姑娘，前些日子突然患了重病，病好以后双目失明，什么也看不见了。这件事让刘廷士很伤心，几天都待在家里不出门。

那姑娘的父母都是忠厚老实的庄稼人，考虑到自家女儿虽然与刘廷士订了婚约，但刘家毕竟还没有下聘礼；如今刘廷士中了进士，自家女儿却瞎了，哪能配得上人家呢？因此也就不提嫁女的事了。

过了几天,刘廷士的母亲对他说:“儿呀,我看你还是把那门亲事退了吧,反正我们还没有给女方下聘礼,女方也通情达理,这些天都没提嫁女儿的事。再说将来你做了官,家里有一个瞎媳妇,多丢面子呀!”

刘廷士说:“娘,我这几天已经想好了,我决定把她娶回家。”母亲说:“你真的想好了吗?她可是什么也看不见呀!”刘廷士说:“不管她能不能看见,只要她愿意嫁给我,我就应该按照当时的婚约把她娶回家。”

就这样,刘廷士娶回了那个盲女。婚后,他和那个盲女感情很好,生活很幸福。周围的人不但没有因为他娶了一个盲女做妻子而瞧不起他,而且更加敬重他。

人生箴言

诚者,不欺者也。

——曾国藩《曾国藩全集·日记一》。

成长启示

诚信,就是不欺骗自己和别人。

张去华烧契约

张去华，北宋人。建隆二年（961），他在科举考试中被宋太祖赵匡胤亲自点为头名状元。可是，由于他为人正直，不善于巴结奉承别人，一直得不到提拔。

一天，他陪宋太祖赵匡胤出游，宋太祖问起他的父亲，得知张去华的父亲虽然因为得罪权贵而被贬官，但是却始终教导张去华要正直做人，为国出力。宋太祖听了，有心提拔张去华。不久，张去华被任命为道州通判（负责办案的官）。

在道州履任期间，张去华偶然间看中了一座房子。这座房子前后花木掩映，还有一个很大的莲花池，是一个饮酒吟诗的好地方，张去华有心把它买下来。仔细打听，得知房主正急需用钱，五百两纹银就卖，于是张去华就出钱把它买了下来。

张去华在这座房子里宴请朋友，赏月吟诗，生活得非常舒心。一天夜里，他见月色很好，就又走到后院，在莲花池旁赏月。忽然，他听见院墙外有人在哭泣，像是一个妇人的哭声，而且声音非常悲切。张去华心想，一个妇人夜间悲泣，肯定是有什么伤心事，说不定自己可以帮帮她，于是便推开后院的便门走了出去。

这时，张去华看见一个老妇人正倚墙掩面哭泣。他走上前去询问道："老婆婆，您有什么伤心的事，跟我说说，说不定我可以帮您想想办法。"

老妇人伤心地说："唉，都是我那不争气的儿子。"然后擦擦眼泪继续说:“这房子原来是我家的祖宅,祖辈相传已经一百多年了。可是,我那混账儿子游手好闲,不务正业,整天在外面吃喝玩乐,把我丈夫遗留下来的钱财都挥霍一空。前两天,他又赌输了五百两银子,不得不变卖祖宅还债。可是,我在这宅子里住了几十年,快到入土的时候了,却又搬了出去,心里难过,就从乡下回来看看。”

张去华想了想说:“这宅子是我买的,您不要再伤心了,以后我再把房子还给您。现在天色已晚,您今夜就在这里暂住一晚吧!”老太太以为张去华是在安慰她,没有把还房子的事当真,但是她很想在这里再住一夜,于是就点头答应了。

第二天一早,张去华就派人把老太太的儿子叫来,命令他马上改掉吃喝玩乐的坏毛病,重新做人,靠劳动挣钱,好好奉养母亲;如果能够做到,就把买房子时签的契约烧掉,把房子还给他们母子。

老太太的儿子对以前的恶行也很后悔,从那以后真的改掉了坏毛病,靠自己的劳动赡养母亲。于是,张去华就拿出契约,按照当初的约定,当着母子俩的面把契约烧了,自己搬出了那所宅子。

张去华不仅诚信做人,而且清廉为官,在道州任职期间依自己的机智和才华处理了很多案子,深得百姓们的好评。

人生箴言

不精不诚,不能动人。

——《庄子·渔父》。

成长启示

不真诚就不能打动别人。

司马光说谎受责

司马光(1019－1086),字君实,陕州夏县(今山西夏县)人。北宋政治家、史学家。

童年的司马光与弟弟司马义一起读书。司马光天资聪明,过目不忘,父亲对他寄托了全部的期望;而司马义虽然天性驽钝,但为人忠厚老实,即使常常被司马光嘲笑也不介意。

一天,教书先生对司马光的一篇作文大加赞扬,司马义冲着司马光竖起了大拇指,很为他高兴,可司马光却红着脸低下了头。原来,这篇作文不是他自己写的,而是从古书上抄袭来的。

司马义知道后,建议他立即去向先生说实话,但是,司马光却犹豫不决,他说:“我只抄袭了一部分,先生是不会看出来的。告诉了先生,先生反而会觉得没有面子,连学生作文抄袭都没有看出来。再说,我以后不再抄袭就是了!”

然而,事与愿违,先生不是没有看出来,而是早就看出来了,并且将此事告诉了司马光的父亲。父亲知道后,大发雷霆,立即要训斥司马光,却被先生阻止了。原来先生已经想出了一个两全其美的好办法……

父亲把兄弟二人叫到了书房，吩咐他们做一件最简单的家务活——剥一包花生米的内皮，看谁剥得最多，唯一的条件是要自己动脑筋，不能让他人帮忙。于是，两人各拿一包花生米回到了各自的房间。

为了获得父亲的赞扬，司马光拼命地剥，他采用了很多的办法：先用两只手狠劲地搓，但搓红了两个小手掌，内皮还是牢牢地包在花生米上；他又拼命地用手指甲抠，但指甲很快就抠得出血了；最后，他心一急，干脆用牙齿使劲地啃起来。

这时，丫鬟梅香走了过来，看见司马光焦急的样子，不禁“扑哧”一声笑了起来。她说：“我有个办法可以让你一会儿就把花生米的皮都剥完。”说着，便要教他怎么做。司马光想起了父亲定的规则，有些犹豫；但一想到剥得多能得到父亲的赞扬，他还是决定让梅香帮忙。

一会儿，司马光兴冲冲地来到父亲的书房，将一包圆润光洁的花生仁交给了父亲，奇怪的是父亲并没有夸奖他。这时，司马义也来了，掏出一小把坑坑洼洼、带着牙齿印的花生仁。

父亲让司马光告诉弟弟自己是怎么剥的，司马光得意地说：“用开水将花生米泡一下再剥，剥起来就很容易了。”父亲问他这个办法是不是自己想出来的，司马光犹豫了一下，还是点了点头，但脸色却非常难看。父亲非常失望地看着他，什么话也没有说就让他们走了。

司马光回到自己的房间，内心充满了矛盾：向父亲说实话吧，担心他会很失望；不说吧，又是在欺骗他。最终，诚实战胜了虚荣，他径直走向书房，将事情原原本本地告诉了父亲，并承认了自己的错误。父亲看着他，眼神中透出一丝喜悦，但却严厉地说："诚信是做人之本，不能设想，一个从小为了一点小事就要投机取巧的人，长大了怎么会成为一个廉洁奉公、正直无私的人！你小小年纪，就染上说谎的毛病，就好像幼小的树生了蛀虫，必须马上清除，否则，就不可能长成有用的栋梁之材！"司马光这才知道，原来剥花生米正是父亲在考验自己呢！

司马光牢牢地记住了父亲的话，从此再不说谎了。长大成人后，他还给自己取了个字，叫做"君实"，以此勉励自己永远做一个正直诚信的人；他还把这种美德传给了子孙，成为代代相传的家风。

人生箴言

奉公如法则上下平。

——《史记·廉颇蔺相如列传》。

成长启示

依照法律奉行公事，则上上下下都公平了。

曾彦著法休妻

曾彦是明朝人。他看到明朝缺少一部完备的法律,许多事情处理起来非常困难,于是就想编著一部完备的法典。

为了尽快编著法典,曾彦在荒郊野外搭起了一座茅屋,整天在那里写呀写呀,连家也不回,无论春夏秋冬,一日三餐都由妻子送饭给他吃。

一天,妻子又来给他送午饭。他望着日渐消瘦的妻子,心疼地说:“为了让我写好这本书,你受了不少苦!现在好了,我的书就要写完了,很快就可以回家了。”

妻子一听很高兴,温柔地说:“那太好了,可是你一定饿了,还是先吃了饭再说吧!”

曾彦掀开盖在送饭篮子上的布,看见三个水灵灵的大桃子放在篮子里,就问:“我们家这么穷,你怎么还有钱买桃子给我吃?”

妻子笑着说:“不是买的,刚才我给你送饭正好路过李家的桃园,就顺手摘了几个,想让你尝个鲜,也好补补身子。”

曾彦愣了一下,问:“李家的人在吗?”妻子说:“不在,可能是回家吃饭去了。”

曾彦突然大声说:“你偷人家的桃子!”妻子不以为然地说:“你说话怎么这么难听,都是熟人,摘几个桃子怎么能叫偷呢?”

曾彦说:“不经别人允许拿别人的东西就是偷。按照我编的法律,女人偷东西应该被休。”

曾彦拿起笔就写了一封休书，两眼含着泪水说：“虽然我也舍不得赶你走，可是法律是我编的，我必须诚实地遵守。你就回到娘家，另嫁一个好人家吧！”说完就把休书交给他妻子。

妻子原以为曾彦是和他开玩笑，也没抬头看，只顾着给曾彦补衣服。后来发现曾彦的声音不对，抬头一看曾彦已经流下两行眼泪，这才知道丈夫是认真的。

妻子知道曾彦向来很讲诚信，没有特殊情况说出去的话是不会更改的。于是她就拿着休书回家找到婆婆，哭着向婆婆讲述了事情的经过。

婆婆听了很生气，当时就领着儿媳妇去找儿子，见到曾彦就破口大骂：“你这没心肝的畜生，你整天躲在这里又写又画的，哪一件事情不是你媳妇操心，可是她却从无怨言。这么勤快贤惠的媳妇，你打着灯笼也难找，竟然还要休她！”

曾彦红着眼睛说：“我也知道她好。可是做人一定要讲诚信，孩儿制定的法律，孩儿自己首先应该遵守。”

曾母生气地说：“你以为你是皇帝，可以颁布法律，真是不知道天高地厚！”

聪明的儿媳妇受到了婆婆的启发，说：“只有皇帝才有权颁布法律，你写的法典在没有被皇帝批准之前，只是废纸一堆，你根本没有理由休我。”

曾彦被说得哑口无言，再说他自己也不想休掉跟随他多年的妻子，休妻的事也就算了。但是他让妻子必须向桃园的主人道歉，他不想让妻子做一个缺乏诚信的人。

后来曾彦中了状元，把自己编著的法典呈给皇上，皇上很高兴,还专门让他带领一批人重新修订了法律。

人生箴言

上有好者,下必甚焉。

——《孟子·滕文公上》。

成长启示

地位高的人有什么喜好,那么在下面的人肯定会更加喜好。

张孝基还财

张孝基，明朝时期许州（今河南许昌）人。弘治年间排印的《厚德录》上，记载了有关他的一个诚信故事。

张孝基是一个读书人。同乡土的一个有钱人见张孝基为人正直诚信，就决定把女儿许配给他做妻子。于是张孝基就和富人的女儿结婚了。

那个富人有一个儿子，但是儿子品行不端，经常赌博，还时常出入城里的酒楼妓院，挥霍家里的钱财，败坏家里的名声。富人用尽了办法，还是不能使儿子悔改，后来索性把儿子赶出了家门，和他断绝了父子关系。

富人后来得了重病，张孝基和妻子尽心照料他，给他请医生，买药、熬药、喂药，可病情就是不见好转。

有一天，富人把张孝基叫到床前，对他说："我这人命苦，虽然有万贯家财，可是我儿子不争气，我不得不另找一个财产继承人。我暗中观察你很多年，觉得你人品不错，就决定把这个家托付给你。我怕是活不了几天了，今天我就把家里的事交代一下，死也就安心了。"

于是，他让管家拿出账本和家里的金钱财宝，一样一样讲给张孝基听。张孝基一一记下，答应一定帮他管好家里的事。过了些日子，富人真的死了。张孝基遵照老人的嘱咐，把家里的事情管理得井井有条。

很多年以后，张孝基去城里办事，看见一个乞丐正跪在马路边要饭，仔细一看，原来是富人的儿子——自己的内弟。于是就走上前问："你愿意浇灌菜园子吗？"富人的儿子回答："如果浇灌菜园能让我吃饱的话，我愿意。"

于是张孝基就把他带回家，让他吃了一顿饱饭，然后就让菜农教他灌溉菜园子。富人的儿子很认真地学，不久就做得很好了。

张孝基觉得富人的儿子正在一点一点变好，又想让他做一些新的工作，就问他："你能管理仓库吗？"

富人的儿子说："能够浇灌菜园子，我已经很满足了，这是我第一次靠自己的劳动吃饭，如果能管理仓库，那更是我的福气啦！我一定会好好管理的！"

此后，富人的儿子很认真地管理仓库，半年时间里从没有出过任何差错。于是张孝基就又教他管家里的账目，富人的儿子不久也学会了。

张孝基觉得富人的儿子已经能够独立管理家里的一切事务了。有一天，他对富人的儿子说："你父亲临死的时候，托付我帮他管理家里的田产、财物，现在你回来了，也学会独立做事了，我想我该把这个家还给你了。"

富人的儿子接管了家里的事以后，勤俭持家，还经常帮助村里的穷人，成为乡里的一个好人。

人生箴言

其身正，不令而行；其身不正，虽令不从。

——《论语·子路》。

成长启示

统治者如果自身品行端正，即使不发号施令，老百姓也会跟着行动；统治者如果自身品行不端正，即使发号施令，老百姓也不会顺从。

刘若宰不隐祖籍

刘若宰，明朝人，祖籍山东水泊梁山。他学问大，在读书人中威望很高，可是一连几次科举考试都名落孙山。但他仍不灰心，还是一次又一次地参加科举考试。

明朝天启五年(1625)，刘若宰又参加了那一年科举考试，这是他第五次参加科举考试了。在笔试中，他发挥得很好，被主考官选出来参加熹宗皇帝亲自主持的面试。

刘若宰经常和一些当时很有声望的文化名人交往，见过很多大世面，于是在熹宗皇帝面前一点儿都不害怕。熹宗皇帝一连提了几个问题，他都对答如流，而且声音浑厚清晰。熹宗皇帝听了非常高兴，于是就又随口问了一句："祖籍哪里？"

刘若宰知道皇帝最忌讳起义军，水泊梁山又是三岁小孩都知道的起义军的老窝，要是对皇帝说了实话，皇帝肯定会不高兴的，于是就想编个谎话骗过皇帝。

可是刘若宰又想一想,“我怎么能不承认自己的祖籍呢?这可是不孝。再说我怎么能说谎呢?”于是,他挺起胸膛说:“回陛下,小民祖籍水泊梁山。”

熹宗皇帝一听,脸上的笑容立刻就消失了,严肃地问:“你从小就住在水泊梁山吗?”

刘若宰知道熹宗皇帝已经不高兴了,依然照实回答:“小民的祖父和曾祖父住在梁山,到了我父亲时就搬到江苏去了,我是在江苏出生长大的,从来没有去过梁山。”

就这样面试结束了,刘若宰知道自己已经不可能被选为状元了。第二天,皇榜贴出来了,第一名是一个远远比不上他的叫余煌的人。他从第二名开始看,到最后一名也没看到自己的名字。这件事对刘若宰打击很大,可他还是决定参加三年以后举行的下一次殿试。

刘若宰在京城里租了一间客房,准备在京城长期住下去。一个偶然的机会他得到了一本叫《金莲传》的书稿,他花了两年时间重新整理加工这本书,并且把书名改为《金瓶梅》,据说这就是后来在中国民间广泛流传的小说《金瓶梅》的雏形。

崇祯元年(1628),熹宗皇帝去世了,思宗皇帝即位。在那一年的科举考试中,刘若宰中了头名状元。

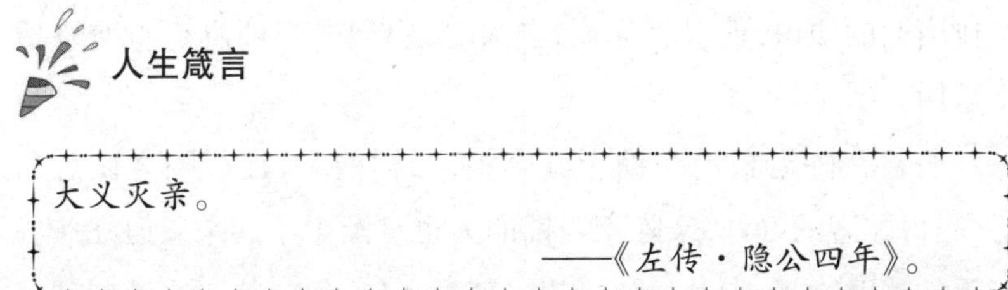

人生箴言

大义灭亲。

——《左传·隐公四年》。

成长启示

真正的公正廉明者甚至可以不顾亲属的利益。

詹谷诚信守诺

清代乾隆年间，四川万县（今重庆万州）的一个姓陈的老人在上海崇明岛上开了一家当铺，需要雇请一个伙计帮忙，于是就写了一张招聘启事，贴在了当铺门口。

不几天，有一位三十岁上下的年轻人走进当铺里来。陈老板见有人来，便问道："先生何事？"那年轻人拱手行礼，并答道："听说老先生当铺里需要人手，我是看到了门外的招聘启事，特来应聘的！"此人不是别人，正是本故事的主人公——詹谷。

詹谷也曾做过商人，很精通典当行业，因家境贫寒，出来谋生。老人见他相貌堂堂，一副忠厚相，又不乏精明，很有好感；再问他一些典当业的知识，他对答如流，老人更是喜欢，当即决定将詹谷留下试用。

詹谷在陈老板的当铺十分勤勉，非常能干，接待顾客诚恳耐心，颇得顾客的好评，来陈家当铺的人也日渐多了起来。但凡詹谷经手的钱财物品，来龙去脉一清二楚。半年下来，陈家当铺获利丰厚。陈老板十分高兴,庆幸自己找了个好帮手。以后,当铺中的事务大都放心地让詹谷去做,陈老板待他如家人。

陈老板正在高兴之际,收到了老家的来信,说他妻子病重,要他火速赶回老家。陈老板闻讯之后,心急如焚,忙着要回家,就将当铺中的事全都托付给詹谷。詹谷说:“先生,这当铺中的事我独自料理恐怕……”

陈老板忙说道:“詹谷,我懂你的意思,我也照实说了,如果你是新来乍到,我可能不了解你;但现在你已经来了半年多了,我观察你是诚实君子,万事拜托了,请你千万不要推辞!”詹谷见不好再推辞,就说:“感谢先生的信任,当铺的生意我定尽力维持,您就放心去吧,只是尽可能地快去快回。”

有了詹谷的这句话,陈老先生也就可以放心地走了。他先乘船到汉口,再转船沿江而上,一路关山阻隔,道路梗塞,辗转日久,才到家中。陈老先生本来就年老体衰,再加上车船劳顿,家事忧心,回到家后便一病不起,命归黄泉了。

上海崇明与四川万县千里迢迢,关山重重,信息不通。陈老板走后,詹谷就独自挑起了经营当铺的重担,不敢有些许松懈。因而当铺经营得很好,大有发展。只是这期间詹谷很想回家看看,探望父母妻儿,但因陈老板没有归来,所以也就一直没有能够回去。

光阴似箭,日月如梭,一晃十年过去了。一天,当铺里突然来了个年轻人,与陈老板的相貌十分相似。詹谷一问,才知道是陈老板的儿子。詹谷见了陈家公子,不禁大喜,忙问:“陈老先生可好,什么时候回来?”

陈公子说:“家父自从这里回去后即染上重病,不久就去世了。

当时我还年幼，无法前来。这些年，实在是有劳您了！”詹谷闻听陈老先生已经过世多年，想起他的知遇之恩，心里一阵难过，不禁潸然泪下。

过了一会儿，詹谷镇静下来后，从木柜中取出十年的账簿。陈公子看了一下，见所记账目清清楚楚。然后，詹谷又带陈公子清点实物，一一交接清楚。陈公子大受感动，立即算清詹谷十年薪水，并另赠他四百两银子。

詹谷收下了十年的薪水，但对赠送的银子却坚决不收。他说：“受人之恩，理当相报；受人之托，理当守诺。我只是做了我应该做的事，你也不必再言谢。只是我已经出来十年，如今你来了，还请公子允许我回老家去与家人团聚。”

詹谷临行前，还向陈公子殷殷叮嘱当铺的业务，然后背起自己简单的行李，告辞而去。陈公子十分惋惜未能留住詹谷。他看着詹谷离去的背影，自言自语地说：“真是诚信君子！”

人生箴言

民无信不立。

——《论语·颜渊》。

成长启示

自古以来，失去人民信任的执政者是站不住脚的。